手嶋泰伸

統帥権の独立

帝国日本「暴走」の実態

中公選書

はじめに

統帥権とは、軍の作戦行動を指揮・決定する権限のことである。その統帥権は近代日本において内閣から完全に独立しており、そうした仕組みが統帥権の独立と呼ばれている。

たとえば、一九三〇年代以降の国家意思決定機構は図1のようになっていた。陸海相は内閣の構成員であり、それぞれ陸海軍省を率いた。陸海軍省は軍務局などの部局を有して軍政を担う機関であった。その一方で、陸軍には参謀本部、海軍には海軍軍令部が内閣から完全に独立して置かれていた。それらの軍令機関が、それぞれの作戦の立案と執行を担っていた。

統帥権の独立は、一八七八年に陸軍省から参謀本部が独立したことによって成立したとされる。その後、大日本帝国憲法にも組み込まれ、日本の統治機構のなかに定着した。統帥権の独立は、軍の暴走をもたらし、甚大な犠牲とともに、最終的には大日本帝国を崩壊に至らしめた最大の要因として、しばしば批判の対象となってきた。一九三一年の満洲事変以降に陸軍が進めた中国大陸での武力行使が、統帥権の独立という仕組みの下でなされたことは、特に有名であろう。

その一方で、現在、自衛隊の最高指揮権を内閣総理大臣が有するという文民統制（シビリアン・

コントロール）も確立しているため、統帥権の独立をめぐる問題は、現代社会とは無関係のようにも思えるだろう。しかし、近代日本における統帥権の独立をめぐる歴史とは、軍事に関する領域がどこまでであるのか、軍人の専門性をどのように評価するのかという議論の歴史でもある。それは言うなれば、専門家の判断をどのように評価・活用していくのかという、現代的な課題でもある。

これまでの研究では、統帥権の独立に関して、対象としては主に陸軍について、時期については明治期と昭和期に関心が集中していた。

明治期については、参謀本部の独立が特に注目され、帷幄上奏（いあくじょうそう）や軍部大臣現役武官制、軍令といった、統帥権の独立を支えた制度の成立経緯や理由に関して分析が集中していた。

昭和期については、統帥権の独立を背景とした軍部の横暴な主張や政治介入、内閣の統制を無視して中国大陸で展開されていた軍の独断専行の軍事行動が分析されることが多かった。つまりは、統帥権の独立という仕組みがもたらした結果が注目されてきた。

この明治期と昭和期を無理に繋げ合わせると、明治期における諸制度の形成は、軍が将来的に政治介入を目指していた布石のように見えてくる。しかし、近年の研究では、明治期には、軍を専門家集団とする必要があったこと、軍の政治介入を避けることを目指していたことが明らかになっている。[*1] また、大正期における陸軍の分析も進み、陸軍省が参謀本部の抑制を模索していたことが解明されてきた。[*2]

さらに、近年では海軍に関する研究が進んでいる。それによって、陸軍の分析だけでは見えてこ

図1　1930年代以降の国家意思決定機構

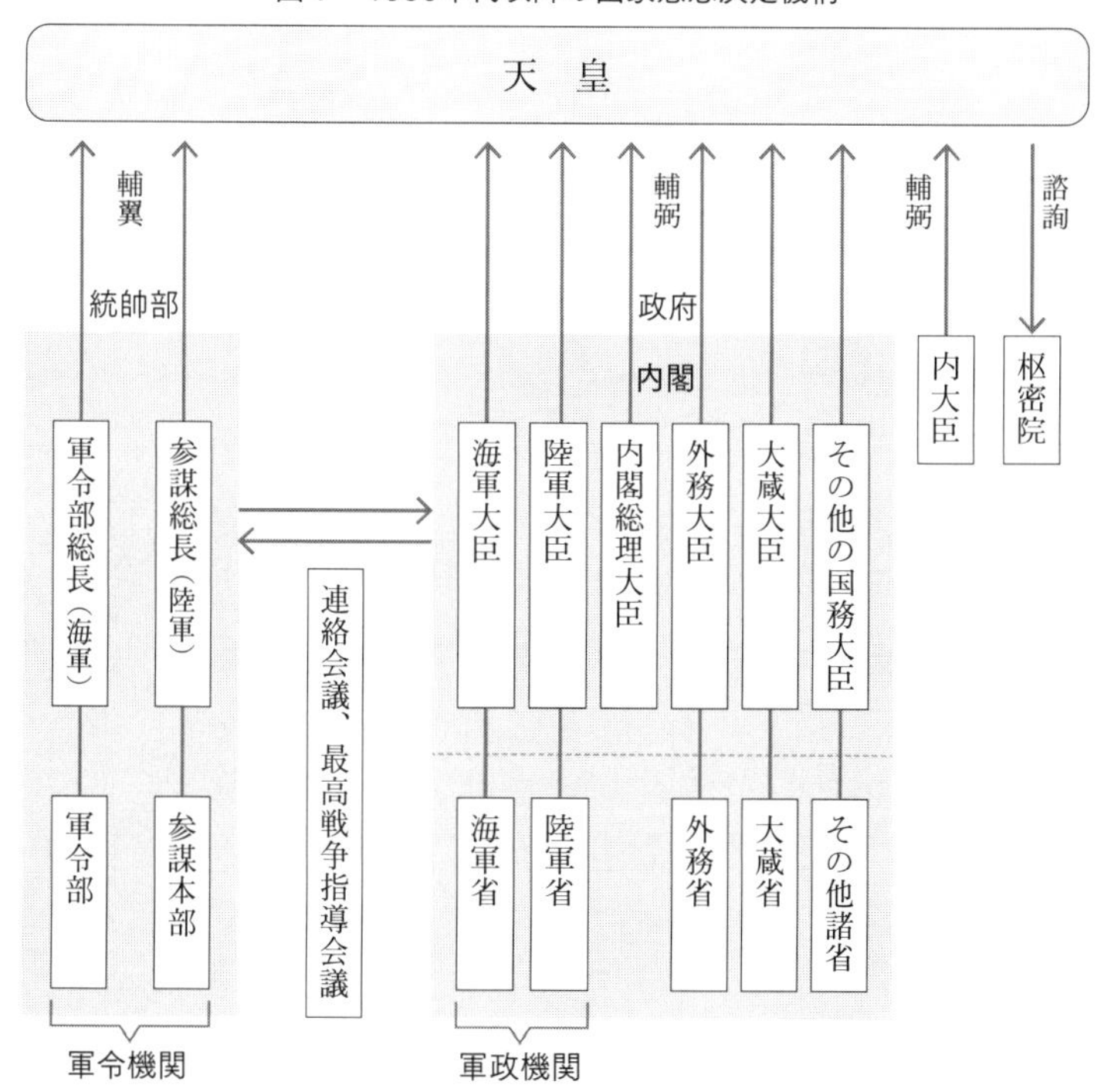

拙著『海軍将校たちの太平洋戦争』、吉川弘文館、2014年、13頁のものに加筆

なかったことが次々と明らかになってきた。海軍を通してみると、昭和期の軍部の暴走や政治介入、戦時期における様々な判断ミスの要因が、軍の専門家意識と密接に関係していることがわかってきた[*3]。

戦後歴史学が試みてきた、統帥権の独立を背景とした軍部の暴走に関する事例の掘り起こしや、軍部への批判に重きを置いた研究がまったく無意味であったわけではない。それらは軍の暴走に対する警鐘を鳴らし、人々に危機意識を抱かせ、統帥権の独立の理解は進んだ。

ただし、統帥権の独立という制度がすべての原因ではない。その時々で軍人や周囲の政治家らが何を考えていたのかが十分に明らかにならないと、統帥権の独立の本質は理解できない。軍人たちは何も、日本を破滅に導くことを目指していたわけではなく、当時の課題意識や情勢から、彼らなりに合理的に判断をしようとしていたからだ。

近年の研究はそうした当時の人々の認識をかなりの程度で明らかにしてきた。本書では、近年の研究で明らかにされた統帥権の独立をめぐる当時の人々の認識と議論を、第一に業務の範囲をめぐるものと、第二に優先順位をめぐるものとの二つの観点で整理しながら描く。

第一の業務の範囲、より専門的には管掌(かんしょう)範囲をめぐる認識とは、どこまでを政治が、どこまでを軍事が担うべきなのかということである。政治と軍事の区分は明瞭なようでいて、実際には重なる部分が存在する。統帥権とは軍隊の最高指揮権のことを意味するという共通認識がありながら、何が統帥権の範囲に含まれるのかという点は、当時も現在においても意見の一致は見られていない。

そのため、時期によっても、論者によっても異なっていた統帥権とは何かという問題よりも、どこまでを専門家集団である軍に任せるべきなのかという議論に焦点を当ててみていく。

本論で詳述するが、統帥権の独立とはあくまでも慣行的な制度であり、存立基盤は必ずしも強固であったわけではない。それにもかかわらず統帥権の独立という仕組みが維持されたのは、軍事に関することは、他の領域よりも専門性・重要性が高く、専門知を持った軍人にしか担えないという意識を、軍人だけでなく、近代日本の多くの人々が程度の差こそあれ、抱いていたからだ。それは「軍事の特殊専門意識」と呼ぶべきものである。

第二の優先順位をめぐる議論とは、政治と軍事の主張が対立したとき、どちらの主張が優先されるべきなのかというものである。統帥権の独立という仕組みのもとで、政治（「国務」）と軍事（「統帥」）の意見が分かれたとき、内閣は軍の主張を覆すことができるのか。そもそも、政治と軍事の関係は対等であるのか、それとも、政治が優位であるのか。そうした点を論じつつも、政治優位の立場から軍事専門家集団の意見をコントロールする術を確立できなかった日本は、特に一九三〇年代以降、幾度も深刻な政治的混乱に直面する。

本書は近年の研究成果を盛り込みながら、明治維新からアジア・太平洋戦争の敗戦までの近代日本における政治史のなかで、統帥権の独立をめぐる歴史を描く。統帥権の独立を支えた諸制度や、統帥権の独立の結果として生じた軍の暴走の具体例を並べるだけでなく、そこに表れる当時の人々の意識に焦点をあてる。そのことは現代にも通じる、専門家との向き合い方という問題ともつながっているはずだからだ。

以下、第1章では、明治期において統帥権の独立がなぜ成立したのかをみていく。

第2章では、政党政治が定着する一九一〇～二〇年代における政党と軍部との力関係について検討する。

第3章では、一九三〇年代に政治と軍部の力関係がどのように変化したのかをみる。

第4章では、日中戦争がその関係にさらにいかなる影響を及ぼしたのかをみていく。

そして、第5章では、アジア・太平洋戦争期に統帥権の独立がもたらした混乱を検討する。

目次——統帥権の独立

統帥権の独立

帝国日本「暴走」の実態

凡例

- 年号は基本的に西暦を用いる。ただし、時期の叙述には必要に応じて和暦も用いる。
- 漢字の正字・旧字は概ね常用漢字に統一する。ただし、人名・地名などの固有名詞は必ずしもこの限りではない。
- 史料を引用する際には、句読点を適宜補った。また、漢字カタカナ交じり文はひらがなに直し、歴史的仮名遣いは極力現代の表記に改めた。
- 史料引用中の〔　〕は筆者による補足である。
- 「支那」「満洲」「満洲国」などは現在では不適切な呼称であるが、史料引用の場合はこれをそのまま用いる。
- 法令の引用に際しては、『法令全書』及び国立公文書館所蔵の原本など複数の手段で確認をとっているため、出典は付さなかった。
- 帝国議会の議事録は帝国議会会議録検索システムを用いた。
- 人名への敬称は省略した。

第1章　統帥権独立の確立へ——一八七〇〜九〇年代

1　参謀本部の独立——軍事指導の専門分化

大規模軍隊の必要性

一九三〇年代にしばしば見られた軍の政治介入を可能としたのは、統帥権の独立だった。だが、明治の軍首脳部は、一九三〇年代のような軍のあり方を目指していたわけでは決してない。近代的な軍隊を建設するための難しい課題に直面するなかで、明治の軍首脳部はなぜ統帥権の独立を必要としたのだろうか。

江戸時代、政治と軍事は未分化だった。身分制社会である江戸時代では、どの身分に生まれるかで職業がほぼ決定した。身分の移動は皆無ではないが、基本的には政治と軍事は武士の職分である。伊藤博文や山県有朋のような幕末維新期の中心人物たちの多くは下級藩士だったが、下級とはいえ、武士身分であったがために、彼らは政治的、軍事的な動きに関わることができた。

しかし、武士が政治と軍事の両方を担う仕組みは、幕末からすでにその限界が意識されていた。フランス革命とそれに続くナポレオン戦争によって、一九世紀のヨーロッパでは軍事革命と言える大変動が起きていた。高まるナショナリズムを背景に徴兵制が成立したことによって、それまでとは比較にならない大兵力を動員できるようになった。ライフルの改良が進んだことで、歩兵の火力は飛躍的に増大した。[*1] 陸上戦闘の成否を大規模歩兵部隊が担うこととなったにもかかわらず、少数の武士だけしか軍事力の担い手となれないという状態は、完全に時代遅れのものとなった。

幕末期に各所でなされた軍制改革では、洋式兵制の導入とともに、武士以外を軍隊における戦闘員とする動きは確かにあった。だが、全体としてみれば、やはり軍の担い手は武士層だった。海軍創設にあたっても、幕末段階においては、身分制度の壁を完全に取り払うことはできなかった。幕府海軍は武士身分からの兵員登用という原則を打破できず、能力主義による登用は必ずしもできていなかった。[*2]

廃藩置県以前の兵制論争

一部の武士層だけに兵員を依存する体制からの脱却は重要かつ喫緊（きっきん）の課題であり、一八六九年の大阪兵学寮（陸軍士官学校の前身）では、大村益次郎や山田顕義（あきよし）らが徴兵制の導入を主張していた。

また、幕末期には、大小二五〇以上の藩が存在し、特に大藩の藩兵の帰属意識はその出身藩にあった。権力基盤が脆弱（ぜいじゃく）だった明治政府は、そうした藩軍を無視して近代的な軍隊の整備を推進できず、政権安定のための兵力を欲していた大久保利通らは、戊辰戦争に勝利した藩軍の再編成を試みようとした。[*3]

一八六九年八月に薩摩藩・長州藩・土佐藩の三藩の藩兵を太政官政府（太政官のなかでの軍事管掌機関は兵部省）に提供させる「三藩徴兵」が行われた。だが、出身藩に帰属意識を持つ藩兵たちは、兵部省の指揮にまったく従おうとしなかった。薩摩藩は自藩兵を撤収させ、交替兵の補充を拒否した。[*4]「三藩徴兵」の選から漏れた長州藩兵が山口藩庁に対して反乱を起こし、木戸孝允らによって鎮圧される事件まで起こった。

出身藩への帰属意識を解消しなければならないという課題は、徐々に明治政府内でも共有されていった。一八七一年六月に薩摩藩・土佐藩・長州藩から兵力を献納させ、藩主と将士との関係を断ち切って御親兵（ごしんぺい）が編成される。この御親兵の武力を背景に、明治政府は廃藩置県を断行することになる。御親兵は廃藩置県のために編成されたわけではなく、兵制の模索時に廃藩置県が断行されたというのが実態に近い。[*5] ただ、御親兵はその後、兵部省の指示に従わないことがたびたびあった。

こうした動きと並行して、欧米の視察から帰国し、大村益次郎暗殺後に近代的陸軍の整備の中心人物となる山県有朋によって、全国の藩兵も同様に精選・再編成されていく。全国的な治安状況の悪化に対処するため、一八七一年、全国に四鎮台（ちんだい）（東北・東京・大阪・鎮西）が設置された。その際、兵員の出身藩を偏らせずに、徐々に混合させながら、出身藩の人的なつながりを断ち切った状態で部隊が編成されていく。

この出身藩への帰属意識を薄める鎮台のあり方が、その後の兵制改革に活用されていく。一八七二年に御親兵が近衛兵と改称するも、一八七三年に伍長以下の御親兵出身兵士は解官され、各鎮台から兵士が補充されて、一八七三年の徴兵令で徴兵された者はまず鎮台の所属とされた。[*6]なお、出身藩兵の混交によって政府軍に取り込まれることを拒否したのが薩摩藩兵である。そのことがのちの西南戦争の前提となる。

海軍の場合は、陸軍と比べれば、まだ出身藩意識の問題はそれほど大きくなかった。たしかに、薩英戦争によってイギリスの軍事力を目の当たりにした薩摩藩は、イギリスより兵器・軍事技術の輸入に努めた。元治・慶応年間には一二隻の軍艦を購入し、薩摩海軍の勢力はそれ以前に購入していた四隻と合わせて、蒸気船八隻の幕府海軍の勢力をもはるかに凌駕する。明治末年頃まで、海軍のなかでは薩摩藩の影響力が非常に大きかったのは事実である。

しかし、明治政府が戊辰戦争後に幕府・諸藩から新たに艦船を収納しても、日本の海軍の勢力は軍艦一四隻、運送船三隻、総排水量一万三八〇〇トンときわめて脆弱だった。[*7]そのため、軍艦の整備から人材育成に至るまで、海軍は基本的には一から始めなければならなかった。そのため、兵員の人数もそれほど多くなく、出身藩への帰属意識が問題となることは、陸軍に比べると少なかった。

政治と軍事の未分化

出身藩への帰属意識とともに、近代的な軍隊の整備で大きな課題だったのが、政治と軍事の未分化という問題である。

徴兵制を推進した長州藩勢力（木戸孝允、山県有朋、山田顕義など）から、政治的な将兵は危険視された。長州藩勢力は、自藩兵が起こした武力蜂起の鎮圧によって、彼らの不平不満をさほど気にせずに近代的な軍隊の整備に邁進できた一方、豊富な実戦経験を有し、その力を政治的に用いようとする士族に、強い危機感を抱くようになる。

一八七四年二月の佐賀の乱を早期に鎮圧するため、乱鎮定の全権を掌握した参議兼内務卿の大久保利通は、近隣諸県から三〇〇〇名以上の士族兵を徴募し、東京警視庁からも大半が士族出身の巡査による部隊（約二五〇名）を派遣した。徴兵制を推進する陸軍省（兵部省は一八七二年に陸軍省と海軍省に分離）は、兵力不足から、不満を抱きつつも大久保の措置を黙認せざるを得なかった。佐賀の乱の鎮圧に士族を動員したことは、士族の政治的発言力を強化することにつながった。

山県有朋

武士の特権が次々と失われ、徴兵制により軍事専門家としてのアイデンティティも否定された不平士族を中心に、鹿児島県では失職士族の植民をも目的とした「征台論」が盛んに唱えられていた。木戸孝允や山県有朋の強硬な反対があっても、大久保は台湾出兵を決定し、それを正院のコントロール下で行おうとした。

結局、陸軍省の支援を得られず、諸外国も正当性を認めなかったことから、大久保は出兵の抑止に転換した。だが大久保のコントロールを外れ、鹿児島で臨時徴募された不平士族の一隊の加わる遠征軍は、西郷従道(つぐみち)の指揮のもと台湾出兵を強行する。さらに、台湾出兵の際に、全国で士族による従軍への志願があった。台湾出兵は政治的な将兵の脅威を、明治政府首脳に見せつけるものとなった。[*8]

ここにおいて、山県有朋らは非政治的な軍隊を構築する必要性を強く認識する。台湾出兵では、正院すらも状況によっては不平士族の圧力に屈することになり、日清間の武力衝突までもが危惧された。そうした不安定な正院内閣から隔絶し、陸海軍省が軍事力を専門的に管理する体制が必要だった。たとえ、その時点では豊富な実戦経験を有している旧士族層と、徴兵制のもとで編成される部隊との間に技術的錬成度の差があったとしても、軍の非政治性は絶対に必要だと考えられたのだ。

台湾出兵後に陸軍卿に復帰した山県は、台湾出兵時にしばしば陸軍省外からの干渉を受けた省務と軍内人事についての自立性の回復に努めた。[*9]

武官の専門分化

一八七一年八月の「官制等級改定」によって、一般官僚と武官の官制等級は別々に定められるようになった。同年一二月に山県有朋・川村純義(すみよし)・西郷従道の連名で作成された「軍備意見書」は次のように記していた。

「兵は国を守り、民を護(ご)するの要なり。然(しか)して我邦(わがくに)従前(じゅうぜん)の法之(これ)を士卒の常識〔ママ〕とし、更(さら)に文武の別ある無し。今、文職武官其途を異にし、士卒の常職を廃して別に撰任して之を養う。亦兵制の一変也」。[*10] 士族層のなかで政治と軍事が未分化であるとし、武官を政治から切り離して専門分化させる提言だった。

そうしたことがあったにもかかわらず、人材不足のため、文官と武官とはしばらくの間、事実上の未分化状態が続いた。一八七四年に陸軍士官学校が設置されたが、任官需要には到底追いつかず、陸軍省でも定期検閲の際に文官から武官への異動希望者を募集するほどだった。[*11]

一八八八年になってようやく、陸海軍外部の文官専任となった武官を予備役とすることを定めた陸海軍将校分限令が出されるなど、文武官での官の移動が禁止される。その頃になると陸軍士官学校と海軍兵学校の卒業生で、尉官の過半が占められるようになり、陸軍士官学校の一期生は佐官にまでなっていたことから、人材不足はある程度解消していた。[*12]

そうした人材は師団制が導入された軍拡期、徴兵・動員事務を各地の師団司令部で地方行政官庁と折衝しながら処理していった。[*13] そのことは軍事行政も武官の職務と認識されていくきっかけの一つとなる。

戦前の軍隊における精神教育の支柱となったいわゆる軍人勅諭（一八八二年、「陸海軍軍人に賜わりたる勅諭」）は、忠節・礼儀・武勇・信義・質素の五つの徳目を掲げて天皇への絶対服従を強調するものであった。同時に、「世論に惑わず、政治に拘らず、只々一途に己が本分の忠節を守り」と、軍人の政治関与を戒め、それを「朕は汝等を股肱と頼み、汝等は朕を頭首と仰ぎてぞ、其親は特に深かるべき」と、天皇が武官に対して文官とは異なる情を持っていることを示すことで実現しようとしていた。

この勅諭が出された当時、陸軍士官学校出身で専門教育を受けた将校のなかには、この勅諭を政治と軍事とを分けることができない旧藩士族出身の武官を戒めるものとして受け止めた者もいた。[*14]

こうした軍の専門分化は、軍の外部からはどのように見られていたのであろうか。ややのちの時代のものだが、『時事新報』（一八九〇年三月二五日）は社説で次のように記している。

近代的な軍隊の整備がなされる以前において、「軍事は之を武士の事として全く顧みざりしのみならず、当時の兵士たる士族輩が動もすれば武権を濫用して人民を苦しめたる等の事も少なからざる」。軍事が武士の職分として一般民衆が関わることはなく、軍事力を持った武士たちの圧政に庶民が苦しめられていたことを指摘している。その一方で、「今や我国の兵制も一変して、兵士は旧時の武士に非ず、軍律の下に運動する者にして、武権を濫用するなど思いも寄らざること」と記す。[*15]つまり、近代の軍隊を江戸時代の武士とはまったく異なる存在として受け入れ、軍人が軍事力を背景に圧政を強いるなどの政治的行動をとらないと述べている。

軍の外部でも、軍事力を持った存在を政治から切り離しておく必要が感じられていた。

政治と軍事とが独立しているため、政治が軍事をコントロールできないことがのちに問題となるが、幕末から明治初期においては、政治的な旧士族層に悩まされた経験から、政治と軍事とを分化させることの方が重視されていたのである。

参謀局の設置

話を一八七〇年代に戻す。統帥権の独立を支えた参謀本部の存在について説明していきたい。参謀本部は一八七八年に陸軍省から独立し、そのことが事実上の統帥権の独立の成立となったことがよく指摘される。

参謀本部の源流は、一八七一年に兵部省に設置された陸軍参謀局であり、「機務密謀」に参画するとともに、地図の作成や諜報活動をその任務としていた。

この当時の参謀局について特筆すべきは、一八七四年の参謀局条例に「陸軍省に隷属す」（第一条）や「参謀局長は陸軍卿に属し」（第三条）と定められ、陸軍省に隷属する存在となっていることだ。つまり、統帥権の独立という体制ではなかった。加えて、参謀局長も陸軍卿に復帰した山県有朋の兼任だった。

この参謀局条例が出された一八七四年は、先に述べたように、台湾出兵における正院の軍事指導の混乱に危機感を抱いた山県有朋が陸軍卿に復帰し、陸軍省の省務と軍内人事について、自立性の回復を目指していた時期である。正院内閣による陸軍省への干渉を、台湾出兵後の陸軍省の自立によって排除できているのであれば、わざわざ軍令機関を陸軍省から分離しておく必要はなかったのだった。*16

反乱鎮圧軍の特徴と軍事指導の混乱

しかし、参謀本部は徐々に、陸軍のなかで独立の必要が検討されていく。その要因は多岐にわたる。最も重要なのは、一八七〇年代に頻発した不平士族による反乱の鎮圧過程でみられた軍事指導の混乱だろう。

一八七四年の佐賀の乱を鎮圧する際には、参議兼内務卿の大久保利通が天皇の代理者として軍政・軍令などの権限の委任を受け、陸軍少将野津鎮雄と海軍大佐林清康がそれぞれ率いる陸海軍派遣部隊を指揮した。つまり、文官のもとに陸海軍を付ける形式がとられたのである。

その後、皇族である東伏見宮嘉彰（小松宮彰仁）が大久保の権限を継承して征討総督に任命され、陸軍卿山県有朋と中艦隊（のちの常備艦隊）指揮官伊東祐麿が征討参軍に任命されるも、これらはほぼ形式上のことだった。先述の通り、乱の鎮定を急いだ大久保らは、士族兵を大量に投入して、山県らが現地に到着する前にほぼ鎮圧に成功したからである。徴兵論者である山県は不満であったと考えられる。

一八七七年の西南戦争でも、征討総督に任ぜられた皇族の有栖川宮熾仁が軍政軍令を統括し、参軍の陸軍卿山県有朋と海軍大輔川村純義らがそれぞれ陸海軍の指揮を執る形式がとられた。有栖川宮はこのとき陸軍大将となり、その後は参謀総長などを務めるも、前職は元老院議長であり、文官だったと言ってよい。

西南戦争においては、指揮命令系統が極度に混乱した。そもそも、西南戦争を憂慮した明治天皇は一部閣僚を率いて京都に滞在し、大久保利通と伊藤博文は大阪に置かれた征討総督本営で軍の動員や編成を含め、戦略指導にあたることになっていた。[*17] 加えて、その大阪には参謀局長の鳥尾小弥太もおり、補給を担っていた鳥尾は、その過程で作戦命令を発することもあった。

政府内には木戸孝允らを中心に、西郷隆盛が挙兵した段階で大軍を派遣して鹿児島県と熊本県の県境で西郷軍を抑え込まなかった山県に対する不満があった。だが、山県は全国の不平士族を警戒して慎重な兵力運用を心掛けており、その後も奇策に頼らない正攻法での作戦指導にこだわった。そのため、大阪の大久保と伊藤は黒田清隆も参軍に任命し、別働隊を率いさせている。黒田は山県の指示を仰がずに行動したため、山県と黒田の間には、意見の対立が生じることとなる。[*18]

さらに、政府は兵力不足を補うために内務省所属の巡査まで動員する。そのため、最終的に南九州という狭い地域に警官隊約六七〇〇名を含む、五万八〇〇〇名以上の兵力が約一万三〇〇〇名の西郷軍鎮圧のために投入されたことになる。各部隊の移動にも困難を生じ、戦線は一時期、混乱・停滞した。

参謀本部の独立

西南戦争で顕著だった指揮命令系統の混乱は、その一元化の必要を陸軍首脳に意識させたことは間違いない。軍人以外の政治家や文官が、戦場経験を有しているがために誰でも軍を指揮できる体制を改め、専門性を高めつつあった陸軍にその指揮を一元化する必要があった。

そのため、一八七八年一二月の参謀本部の独立によって、軍の統制は政治家や文官個人でも行えるものから、専門性を持った組織が行うものへと変わる。[*19]
参謀本部の独立の背景には、自由民権運動もあった。
西南戦争は自由民権運動の大きな転換点となった。維新の英雄である西郷隆盛が率いる強兵で知られた薩摩兵たちでさえ政府軍に敗北したという事実は、武力闘争より言論による運動を民権運動家たちに強く意識させた。西南戦争時、軍事的な実力と政策構想を示し、板垣退助の政権復帰を画策した立志社も、政府が西南戦争を独力で解決したことをみては、方針を転換せざるを得なかった。[*20]
西南戦争の翌一八七八年四月、立志社は「愛国社再興趣意書」を発表する。
山県有朋にとって、軍事的な実力を持った集団が自らの政治的な主張や利害を押し通そうとする行為は危険視するべきものであった。西南戦争後に自由民権運動が即座に言論への運動を盛り上げることができたわけではなく、しばらくの間は試行錯誤が続くが、実態以上に自由民権運動の影響は警戒された。
西南戦争終結から一年にも満たない一八七八年八月、竹橋事件が起きた。竹橋の近衛砲兵大隊の兵卒が蜂起(ほうき)し、大隊長らの将校を殺害したうえで、参議兼大蔵卿の大隈重信の屋敷に発砲、近衛歩兵連隊にも蹶起(けっき)を呼びかけつつ、赤坂仮皇居に向かい、最終的に鎮圧される。近衛砲兵大隊の兵卒らがこの竹橋事件を起こした理由は、財政難から給与が減額されたことや、西南戦争の論功行賞への不満だった。その他、自由民権運動の影響も指摘されている。

約二時間半の出来事だったが、当時の政府・軍首脳に与えた影響は大きかった。山県有朋は特に、事件の背後に自由民権運動の影響を観測し、危機感を抱いた。

山県が一〇月に出した「軍人訓戒」には、軍人の政治化を防止しようとする意図がみてとれる。そこには、「朝政を是非し、憲法を私議し、官省等の布告諸規を譏刺する等の挙動は軍人の本分と相背馳する事」と、自由民権運動家にみられる憲法論議や政府批判を軍人が行うべきではないと述べている。また、「動もすれば時事に慷慨し、民権などと唱え、本分ならざる事を以て自ら任じ、武官にして処士の横議と書生の狂態とを擬し、以て自ら誇張するは固より有る可らざるの事にして深く戒むべき」と、[*21]はっきりと民権運動への関与を禁止している部分もある。

自由民権運動の影響が参謀本部の独立に与えた影響は、史料的な裏付けがなされているわけではなく諸説ある。だが、少なくとも、軍人の非政治化は当時の課題であり、参謀本部の独立を後押しする材料にはなったであろう。実際、軍令機関は政治から超然としていることが、のちに陸海軍内部で美徳とされていく。

さて、一八七八年一二月に参謀本部条例が公布された。ここで「本部長は将官一人勅に依て之に任ず。部事を統轄し、帷幕の機務に参画するを司どる」と定められた。「勅に依て之に任ず」とは、参謀本部長が天皇直隷であることを示している。

さらに、一八八九年の参謀本部条例では、第二条「陸軍大将若くは陸軍中将一人を帝国全軍の参謀総長に任じ、天皇に直隷し、帷幄の軍務に参じ、参謀本部の事務を管理せしむ」と、より明瞭に天皇直隷と記された。

天皇直隷となった参謀本部長は国制上、太政大臣と同格となった。陸軍省は太政官正院に属する組織である。しかし、実態は参謀本部長の権威が急激に高まったわけではない。参謀本部が権威と権限を増し、政治的に無視できない存在となっていくのはもう少し後のことである。

参謀本部の独立は以上のように、当時の諸課題に対処するために行われた。山県に兵権でもって政権を圧倒する意図はなかったと考えられている。[*22]

参謀本部独立の反応

伊藤博文は参謀本部の独立について、積極的でさえあった。それにはいくつかの理由がある。まず、当時の伊藤と山県有朋との関係が良好であり、竹橋事件前後から体調を崩していた山県に配慮して、山県を新設の参謀本部長に就任させて、その体面を保ったまま陸軍卿を交代させようと伊藤は考えていた。[*23] 伊藤のこの案は、山県ら陸軍首脳の課題意識と特に矛盾するものではなく、文官である伊藤でさえも軍の改革に危機意識を持たざるを得ない状況だった。[*24]

参謀本部の独立にあたり、伊藤らの目論見(もくろみ)通り、参謀本部長には山県が就任し、山県が辞任した陸軍卿の後任には、参議を辞任した西郷従道が就いた。

しかし、参謀本部独立に際して、明治天皇がある懸念を示した。伊藤博文が一八七八年一二月五日に右大臣岩倉具視(ともみ)に宛てた書簡には、次のようにある。「聖上(せいじょう)に於(おい)ても参謀局と陸軍省之(の)間後来(こうらい)

紛議不相生様頻りに被悩〔ママ〕宸襟候御沙汰も山県へ御直に有之候哉、内々相伺候処、博文も少々懸念も奉存候間、真に叡慮を以て参謀局長も先ず参議兼勤之事に相成居候而は如何と奉存候」。*25

つまり、参謀本部が陸軍省から独立したことによって、将来、両者が対立するのではないかという懸念が明治天皇から発せられ、それに対して伊藤は、山県に参謀本部長と正院内閣の閣僚たる参議を兼任させることで対処しようとした。

その後も、一八八二年九月から八四年二月まで参議兼陸軍卿の大山巌が参謀本部長を兼任することがあった。その大山が軍事視察で一八八四年二月から八五年一月までヨーロッパに出張している間は、参議兼内務卿だった山県有朋が参謀本部長までをも兼任した。その兼任は朝鮮半島で一八八四年一二月に起きた甲申事変に対処するため、大山帰国後も八月まで維持された。

伊藤博文

こうしたことからうかがえるように、参謀本部の独立がそのまま統帥権の独立という慣行の定着と成立を意味したわけではない。参議や卿と参謀本部長の兼任は、統帥権の独立が慣行として定着した大正から昭和にかけてであれば考えられないことだ。だが、この時期はまだ参謀本部長のポストはそこまで権威あるものとはみられていなかった。*26 統帥権の独立は、山県らが必要性を主張している将来的な理想像とでもいうべきものだった。明治政府の政治家たちの間では、組織を一部の有力者によるマン・パワーでコントロールしていこうとする傾向が強かったからだ。

太政官三院制では、参議は本来、正院を構成して国家全体の意思決定にあたる存在であり、各省の長官である卿とは分離されていた。たしかに、意思決定及び事務執行の都合上、多くの場合、参議はどこかの卿を兼任していた。それでも決定者である参議と執行者である卿の分離は、一八八五年一二月に内閣制度が創始され、国務大臣としてそれらの役割が一元化されるまでは、形式上維持されていた。

陸軍省と参謀本部との間で生じ得る対立の可能性を、参議が参謀本部長を兼任することによって回避するという伊藤博文らの対処法は、形式上は各省長官である卿の上に参議が位置することで十分に参議の権威が保たれ、かつ参謀本部長の権威がまだそれほど高くないからこそ可能だった。

しかし、内閣制度が開始されたことに加え、その後に大日本帝国憲法が発布されて、第五五条「国務各大臣は天皇を輔弼し、其の責に任ず」で、各省大臣が管掌する分野ごとで個別に天皇を補佐することが定められると、内閣の閣僚たる大臣は、各省の利害を主張する行政長官の性格が強くなり、元老や、閣僚が所属する政党など、閣外の権威や仕組みを利用しなければ、閣僚間の調整にすら苦労する場合も出てくる。

加えて、内閣制度の創設と同時に参謀総長には皇族の有栖川宮熾仁が就く。さらに、その後は日清戦争や日露戦争という対外戦争での勝利により、参謀本部は権威を高め、陸軍省との間の機能分化も進んでいった。

そうなっては、伊藤博文が弥縫策的に提案した参議と参謀本部長の兼任によって省部間の対立、ひいては、「国務」と「統帥」の分離を克服することなどは不可能だった。伊藤らは将来生じる可能性のある問題を認識することはできていたが、それに対する十分な対処を講じておくことまではできなかったのである。

2 法体系の形成──帝国憲法と軍令

明文化されたのか

一八八九年二月に発布された大日本帝国憲法（以下、帝国憲法）は、第一一条「天皇は陸海軍を統帥す」で統帥権を、第一二条「天皇は陸海軍の編制及常備兵額を定む」で編制権をそれぞれ規定しているとされる。

統帥権は軍令機関（参謀本部、のちには海軍軍令部も）が天皇を補佐し、編制権は予算が関係するので、内閣や議会が関与するとの解釈が、現在では一般的である。

しかし、日本と同様に君主権が強かったドイツ帝国（一八七一～一九一八年）の連邦憲法では、統帥権の独立は明文化されていない。それは慣行的な運用で成り立っていた。[*27] そうであるがゆえに、帝国憲法がドイツの憲法を参考にしながら作成されたとはいっても、統帥権の独立の在り方までもが同じだったわけではない。それぞれの慣行や制定経緯の違いが重要となる。

帝国憲法も、第一一条のみで統帥権の独立が規定されているとは考えられていなかった。たとえば、著名な憲法学者だった東京帝国大学法学部教授の美濃部達吉は次のように述べていた。「憲法制定の前後を通じて、統帥大権は常に之を国務上の大権と区別し、国務大臣の職務外に在るものと為せり」。つまり、憲法制定の前から統帥権の独立が成立していると指摘している。美濃部は憲法に記載がないことは憲法制定前の慣行を含む諸制度がそのまま維持されることになると認めていた。このことから、統帥権の独立もまた認めざるを得なかったとしている。そのため、統帥権の独立について、次のように慣行だと強調していた。「国務上の大権が国務大臣の輔弼する所なるに反して、統帥大権が其輔弼の外に在るは、憲法の成文に基くに非ずして、主として事実上の慣習と実際の必要とに基くものなり」[*28]。

実は、軍の内部も、統帥権の独立が憲法上に明文化されているわけではないと認識していた。陸軍の指揮官クラスにのみ閲覧が許されていた、高級統帥の大綱を示した『統帥綱領』は次のように記している。

「統帥権の独立は憲法の成文上に明白ならざるが故にしばしば問題となれり。然れども憲法制定の前後を通ずる慣行と事実並びに憲法以外の附属法は叙上の憲法の精神を明徴し、統帥権独立の法的根拠は実にここに存す」[*29]。

統帥権の独立を主張しながら、陸軍ですらもその制度が明文化されたものではなく、慣行と認めていたのだ。

第一一条と第一二条の制定過程

一八七八年に参謀本部が軍令機関として独立したことによって、それまで陸軍に関する軍政と軍令を一元的に担ってきた陸軍省は軍政機関となった。両者はそれぞれ参謀本部条例と陸軍省官制によって規定されていた。

ただし、帝国憲法制定以前、「編制」については、法的には参謀本部と陸軍省両方の職掌として考えられていた。それは以下の通りである。一八七八年の参謀本部条例第四条には「平時に在り陸軍の定制節度団体の編制布置を審かにし」と定める一方、一八八六年の陸軍省官制の第八条にも陸軍省総務局第三課の職掌として、「軍隊の建制及編制に関する事項」が定められていた。これらは事務的なミスではない。「編制」が軍政と軍令両方の領域に関係する事項と当時考えられていたからだ。[*30]

そのため、帝国憲法の制定過程でも、当初から軍に関係する事項が統帥権（第一一条）と編制権（第一二条）の二条に分割されていたわけではない。以下では、帝国憲法の制定過程のうち、重要な部分のみを抽出して説明していきたい。[*31]

一八八七年二月八日のロエスレル試案と呼ばれるものでは、第一三条で「皇帝は、陸海軍を指揮し、平時戦時に於ける兵員を定む」と、のちの帝国憲法では第一一条と第一二の二条に分割されている内容が、一つの条文にまとめられていた。

それらは四月の井上毅乙案と呼ばれる案で、第三条「天皇は陸海軍を統督す」と第七〇条「陸海軍の編制は勅令の定むる所に依る」と二条に分割される。

その後、基本的にはロエスレルの試案が修正を重ねられていき、八月の夏島草案では第一五条「天皇は陸海軍を編制し及之を統率し凡て軍事に関する最高命令を下す」と、一つの条文として規定される。

ただ、その後一八八八年三月、浄写三月案の第一二条で、第一項に「天皇は陸海軍を統帥す」、第二項に「陸海軍の編制は勅令を以て之を定む」とされ、一つの条文のなかに二項が盛り込まれることとなる。

それらの条文が完全に二つに分割されたのは、枢密院審査の過程で黒田清隆内閣が一八八九年一月に修正案を提出したときである。そこで第一一条「天皇は陸海軍を統帥す」と第一二条「天皇は陸海軍の編制を定む」となった。ただし、黒田内閣がなぜ条文を分割したのか、たしかな理由はわかっていない。

ちなみに、黒田内閣の修正案の第一二条では、浄写三月案と比較すると第一二条第二項に主語として天皇を書き加えたうえで、勅令で定めるという内容を削除している。これは、一八八八年六月二二日の枢密院第一審会議で、陸相大山巌が「陸海軍の編制は勅令を以て之を定むとあり。勅令の令の字を裁と改めたし」と修正意見を提出し、認められたことが関係していよう。大山は修正案提案の理由として、「其理由は現時陸海軍の編制を定めらるる上に於て親裁に依るものと勅令に依るものとの別ある」と述べている。[*32]

勅令は内閣職権第五条で「凡そ法律命令には内閣総理大臣之に副署し、其各省主任の事務に属するものは内閣総理大臣及主任大臣之に副署すべし」と定められているため、首相が関与することになる。編制事項をそれまで勅令によらずに帷幄上奏で決定する場合もあった当時の軍としては、その手段が封じられるのは不都合と考えたための修正提案だろう。

ただ、大山の修正提案が認められ「勅裁」となると、今度は編制事項のすべてが帷幄上奏によって処理されることになってしまい、内閣が関与できなくなる。黒田内閣の修正案は天皇が編制事項の決定者であることを示し、誰がどのようにそれを処理するのかを曖昧にすることで、内閣が編制事項に関わる道を残したものだった。

結局、枢密院審査の最終段階で、伊藤博文が第一二条に「常備兵額」の語句を挿入することを主張し、第一一条と第一二条の条文は制定時のものとなった。常備兵額とは「常備兵」の「額」、つまり兵員の数である。伊藤は「常備兵額」の語句を挿入したことについて、「英国の如きは其の兵額を毎年議するの例なり。本邦に於ては之を天皇の大権に帰して、国会に其の権を与えざるの意なり」と述べている。[*33] 天皇の大権事項とすることで議会の干渉を受けないようにしないと、徴兵制が成り立たなくなることを懸念したためだった。

軍の統帥と編制に関する事項が、憲法制定過程の大部分で一つの条文の中にまとめられていたことは、軍事の領域を明確に区分することが難しかったことを示している。そして、二つの条文に分割されたからといって、統帥と編制それぞれの定義やその処理方法までもが確定していたわけではなかった。

『憲法義解』での解釈

では、第一一条と第一二条はどのように解釈されていたのだろうか。

多くの論者の共通理解では、第一一条の解釈は、軍の作戦行動に関する決定と執行の権限が天皇の大権であり、内閣は関与できないというものである。他方で、各論者の特徴が顕著なのは第一二条の解釈である。つまり、統帥権をめぐる論争とは、そのまま編制権の範囲と、その輔弼者をめぐる論争だった。

最初に『憲法義解』から確認していきたい。『憲法義解』は井上毅執筆の逐条説明書に修正が加えられたうえで、著者が伊藤博文という形をとった公定解釈書とされ、帝国憲法発布直後に出されたものである。

『憲法義解』の第一一条の解釈では、軍とその指揮運用は天皇が行うと示されているだけであり、統帥権の内容や範囲といったことは一切示されていない。

その一方で、次のように詳細に解説されているのが、第一二条の編制権である。

> 本条は陸海軍の編制及常備兵額も亦天皇の親裁する所なることを示す。此れ固より責任大臣の輔翼に依ると雖、亦帷幄の軍令と均く、至尊の大権に属すべくして、而して議会の干渉を須たざるべきなり。所謂編制の大権は、之を細言すれば、軍隊艦隊の編制及管区方面より兵器の備用、給与、軍人の教育、検閲、紀律、礼式、服制、衛戍、城塞、及海防、守港並に出師準備の類、皆其の中に在るなり。常備兵額を定むと謂うときは毎年の徴員を定むること亦其の中に在るなり。*34

このように編制と常備兵額の語義について詳細に解説して、それらが大権事項であることを述べている。先述したように、軍の細部に至るまで議会が関与することを防止するためである。伊藤らは議会が軍の同意を得ずに部隊の編成や教育、軍管区などを変更できないようにしなければならないと考えていた。

注目すべきは「責任大臣の輔翼に依る」と、編制権を国務大臣の輔弼事項としている点である。議会が軍に過剰な関与をすることは避けたい一方、ここでは編制権そのものは内閣が担うとしていた。

美濃部達吉による解釈

次にみるのは、先にも触れた美濃部達吉である。美濃部は天皇機関説論者の憲法学者として名高

美濃部達吉

いが、東京帝国大学法科大学に着任した際の担当は比較法制史であり、その後、師である一木喜徳郎の後を継いで一九〇八年に行政法講座に移った。

美濃部が憲法学者として認知される契機となるのが、一九一一年夏に文部省の委嘱で行った中等学校教員のための憲法講義だった。そこで美濃部は天皇機関説を唱えて穂積八束を批判し、その内容を一九一二年に『憲法講話』として出版した。その後、穂積の後継者である上杉慎吉と天皇機関説論争を繰り広げながら認められていき、一九二〇年より東京帝大法学部で憲法第二講座を担当することとなる。そのため、ここで紹介する美濃部の学説は、憲法発布当初のものではなく、大正期のものである。

美濃部は「軍隊の戦闘力を発揮するは之を軍隊自身の活動に任じ、外より之を掣肘すべからず。其行動は軍当局者の全責任の下に完全なる自由を必要とし、局外者をして之に容喙せしむるは其戦闘力を薄弱ならしむるの虞あり」と[*35]、軍の専門性と、それに基づく軍の判断は尊重しなければならないという立場でもあった。

では、統帥権の独立という慣行と軍の専門性を一定程度認めたうえで、美濃部は編制権をどのような論理で内閣の管掌する事項としたのだろうか。

美濃部の編制権解釈の特徴は、編制権を「内部的編制」と「外部的編制」に分けて論じたことである。第一二条を内閣の輔弼事項としつつも、軍の専門性を一定程度容認していた美濃部は、軍の編制をまったく軍の意向や専門知を無視して定めることができるとは考えていなかった。そのため、「内部的編制」を「予算に影響を及ぼさない限度に於いて、軍隊の内部の編制を定むるの権」、つまりは、「与えられた輪郭の範囲内に於いて、その内部の構成を如何にするかの問題に関するもので、それは専ら専門的の軍事眼に依って決せらるべきもの」とした。

他方で、美濃部は編制には「外部的編制」があることを以下のように主張する。「何個師団を設置すべきか、一師団を構成する人員を如何にするか、航空隊その他の特殊部隊を何れだけ設置すべきかという如き、軍隊の大体の構成に付いての定を謂うもので、此等は外交・財政その他国家全体の必要を考察して定めらるべきものである」[*36]。外交や内政に関係してくる事項については、内閣の管掌範囲にとどめようとした。

軍の専門性を一定程度認めつつ、第一二条に内閣が関与する論理を構築した美濃部の解釈は、一見すると精緻である。しかし、外交や財政の関係することは内閣が決定するという美濃部の主張は、現実の政治・行政過程に落とし込んだとき、軍の専門性をどの程度評価・活用するのかが問題となってくる。

美濃部は「内部的編制」は「与えられた輪郭の範囲内に於いて」軍が決定すべきものとしたが、そもそも、専門的な知識を持たない人間が、軍の予算に大枠を与えることができるのだろうか。美濃部が「外部的編制」として例示したものを、軍事的な知見なしに内閣が決定することは不可能だろう。「内部的編制」では軍の専門性を尊重しなければならないとしつつ、「外部的編制」を定める際に、軍の専門性をどのように活用するのかについて、美濃部の理論は曖昧だった。

穂積八束による解釈

その点についてだけ見れば、同じく東京帝国大学法科大学教授の穂積八束の解釈のほうが、はるかに現実的だった。穂積の憲法学説がきわめて保守的だったことはよく知られているが、穂積の編制権に関する解釈はどのようなものであったのか。

穂積は編制権について、「編制は官制とは別にして、兵力の分配軍隊の組織凡て軍事の技術上に関する組立なり。〔中略〕我国の法理では、勅令を以てする故に、兵額が先ず定まり、之に要する費用は後に議するなり」と述べている。[*37]

伊藤博文らは、議会が軍の細部に至るまでに干渉することを避けるために第一二条を修正したことはすでに述べた。穂積も、法律で議会による常備兵額の決定を可能にすると、軍の存立そのものが危ぶまれると考えた。そのため軍事的専門知のもとで、勅令によって議会の外において軍備を定め、その決定に基づいて必要な予算が審議されることになると述べている。それは、美濃部が示した予算の大枠を軍に示し、軍がそのなかで細部を決定するというモデルとは正反対である。

軍が専ら軍事的観点から編制を定め、その後でしか議会は審議することができないという穂積の主張は、一見すると議会軽視で、保守的に思えるかもしれない。しかし、それは実際の予算編成過程そのものである。

毎年度の予算編成の流れは、まず各省が概算要求を大蔵省に送り、大蔵省がそれを査定して減額し、それに対して各省が復活要求を大蔵省と折衝したうえで、最終的には予算閣議で決定をする。概算要求を陸軍省が見積もる際、当然参謀本部と協議し、翌年度に必要な予算案を作成した。海軍の場合も同様に、海軍省が海軍軍令部と協議して、概算要求の内容を決定した。この予算編成過程では、軍事の専門家たちが編制を定め、それに必要となる経費を内閣（そして議会）に要求している。「編制権」に関してならば、穂積の解釈は現実的なものだったと言える。

軍による解釈

実際、たとえ経費が必要となる事項であっても、その費用は美濃部のように内閣や議会が先に定めるのではなく、軍がまず起案・請求し、その後に内閣で審議されるというプロセスをとるべきことは、軍も主張していた。

穂積八束

帝国憲法の制定過程（具体的な日時は明らかになっていない）[*38]で、陸軍は「帝国陸軍将来必要と認むる要件」という文書を提案した。やや長いが、重要なところは次に示す部分である。

軍制は陸軍の組織編制統属主権の制にして、大元帥の親裁に出るものとす。然れども、其事項に因り一国の大政に交渉せざるを得ざるものあり。例えば、団体の編制を拡張し、兵額を増し、官司を新設し、軀員を増すが如き其事たる。定額以内の歳計を以て処理し得るものは論なし。倘し定額以外に渉るときは、必ず臨時経費の支出を請求し、其事の結了を俟て、始めて実施すべきものあり。斯の如き臨時の事業は成法の規程に従い陸軍大臣は先ず之を内閣に提出し、閣議を経て然る後更に大元帥の帷幄に奏上し親裁を仰ぎ、軍令を以て宣布す*39

この文書で注目したいのは、陸軍が天皇の裁可を得る前に経費を内閣に要求するというように、内閣での議論と決定を尊重している一方で、その起案はあくまでも陸軍が行うものと考えていることだ。軍は、軍の編制に関することについて起案できるのは、専門知を持った自分たちであると認識していた。

有賀長雄による解釈

有賀長雄はヨーロッパに留学して伊藤博文が強い影響を受けたシュタインに学び、帰国後は大学などの教職には恵まれなかったものの、帝室制度御用掛などの要職を務めた法学者である。彼は陸軍大学校や海軍大学校でも憲法を講じたことがあり、特に陸軍には彼の学説は大きな影響を与えた。*40

有賀は日本の統帥権の独立に関する諸制度を分析したうえで、その特徴が「憲法及法律に於て軍令の範囲に属するものを列示」していないことだと述べている。さらに「帝国憲法に於ては軍令と軍政とを判然分別したり、然れども是れ畢竟思想に於ける分別たるに止まりて、実際に於て決して絶対に分離することを得べきものに非ざる」とする。有賀は軍政と軍令の範囲を明確に区分することはできないと判断していた。

有賀はこの問題について「大体は軍令に属するも、或る点に於て国家の法律予算に関係あるものは、尚お混成事務として国務大臣に於て責任を取らざるべからざる」と、陸海軍大臣が軍政・軍令両方に関する事務を執っていると考えていた。そのため、「是に於て軍令機関と軍政機関との間に如何して混成事務に対する国法上の責任を分つかを研究するの必要あり」と主張している。*41

有賀長雄

美濃部達吉は編制に「内部的編制」と「外部的編制」の区別を導入しつつも、究極的には統帥権と編制権（少なくとも「外部的編制」）は区別して論じようとしていた。それに対して有賀は、そもそも軍政と軍令との間に明確な区別を定めることはできないという前提に立っている。そのため、内閣の陸相と海相の管掌範囲もまた、純然たる編制事項ばかりとはいえず、統帥事項を含むと考えていた。

この有賀の指摘は、当然だが軍人の認識により近い。次章でみるが、彼らは、陸軍省・海軍省の業務には統帥事項も含まれているので、軍事専門家しか担うことができないという論理で、軍部大臣文官制に反対する。
さて、美濃部と有賀は統帥権と編制権の区別では正反対のことを述べているが、区別を論じるという同じ土俵の上に立っていたとも言える。

美濃部はある時期まで（それがいつなのかは後述する）、編制権を語る際には、何が「内部的編制」であり、どこまでを軍と内閣がそれぞれ担うのかという管掌範囲に重点を置いて記述していた。有賀もまた、混成事務となっている事項にどの機関がどのように責任を持つのかに学問的関心を寄せており、それもまた大枠で見れば管掌範囲を議論していることになる。

帝国憲法は輔弼者を曖昧にした状態で軍事に関する条文を二つに分割した。そのため、近代日本では統帥権の独立に関する議論が、政治と軍事の優先順位ではなく、範囲に集中したのである。

新聞紙上にみられる解釈

憲法学者たちの法学書よりもはるかに早く、国民に編制権についての議論を問うていたのは新聞である。

憲法が発布された一八八九年二月一一日以降、二月から三月にかけて、多くの新聞が憲法の逐条解釈を連載した。それらの第一一条の解釈には大差がないが、やはり見解が分かれていたのは第一二条についてである。

『東京日日新聞』では「一旦(いったん)常備の兵数を定められたれば、如何程(いかほど)費用を要するも議会に於(おい)ては之(これ)

を如何ともする能わず。只だ会計予算上に於て無用の費を省かしむるの一途あるのみなるべし」と、[*42]常備兵額の決定に議会は関わることはできず、ほぼ無条件で認めざるを得ないと解釈していた。

反対に『毎日新聞』は、憲法で議会の予算審議権が認められたことを理由に、「常備軍に要する費用を議定することは議会の特権なりと認定せられしこと必然なり。我憲法が日本国民に立憲国普通の権利を与えたること知るべし」と、[*43]常備兵額も議会で議論することが可能と主張した。

他には、『東京朝日新聞』は、「帝国議会の参与る事に付き何も掲げらるる所なきは如何のものにや」と、帝国議会の権能が明記されていないことに困惑し、「是等の事必らず其筋に於ても論究せられたることならん。これまた詳細なる理由を明かにせられたく希うにこそ」と、[*44]社としての解釈を示すことを放棄している。

自由民権運動家と一部の政治的関心が強い国民にとっては、議会がどの程度にまで国政への関与を認められるのかが興味の中心だった。そのため、新聞上で展開された第一二条の解釈は、憲法学者らが展開したような編制権の範囲に関する議論ではなく、議会権限をめぐるものに終始していた。

帷幄上奏の問題――内閣官制第七条

統帥権の独立はいくつもの制度によって支えられていた慣行である。参謀本部条例（のちには海軍軍令部条例も）や帝国憲法第一一条はそのなかの一つに過ぎない。ここでは、それらと同様に統帥権の独立を支えていたものとして、帷幄上奏についてみていきたい。

帷幄上奏とは、近代日本において主に参謀総長・海軍軍令部長・陸相・海相に認められていた、統帥事項について首相を介さずに直接天皇に上奏する行為である。

本来は軍令機関の長が、自己の管掌する事務について、天皇直隷であるために天皇に直接裁可を仰ぐことができるというものだった。だが、陸相と海相が管掌する事務のなかにも統帥事項があり（後述するが、海相は一時期を除いて一八九三年まで軍政と軍令を一元的に担っていた）、陸海相も帷幄上奏を行う。内閣からみれば編制に関係すると認識されるものであっても、軍は統帥事項として帷幄上奏によって勅令で処理することが可能だった。

この帷幄上奏を法的に認めたのが、第一次山県有朋内閣で一八八九年一二月に定められた内閣官制第七条であり、次のように記している。「事の軍機軍令に係り奏上するものは、天皇の旨に依り之を内閣に下付せらるるの件を除く外、陸軍大臣海軍大臣より内閣総理大臣に報告すべし」。

ここでは、帷幄上奏した内容を陸相もしくは海相から首相に報告することを定めている。だが、実際は必ずしもこの規定通りに報告が行われたわけではないようである。また、問題は「軍機軍令に係り奏上」するのは誰なのかが、明示されていないことだった。そのため、陸海軍大臣も帷幄上奏が可能となったと考えられることが多い。

実は内閣官制の草案では、「事の軍機軍令に係り参謀本部長より直に奏上するもの」と、帷幄上奏を行うことができるのは参謀本部長のみとされていた。だが、成案となる過程で削除される。これを軍の陰謀的な権限拡大行為とする捉え方が一時期、学界の主流だったが、現在では草案段階での単なる事務的なミスと、当時の帷幄上奏慣行の実態からそうせざるを得なかった結果であることが確認されている。[*45] この二点について説明しよう。

まず、事務的なミスについてである。そもそも、この草案を策定する段階で、参謀本部長という官職はすでに存在していなかった。この時期は参謀総長という官職名に変わっている。おそらく、内閣官制を定めるにあたり、内閣職権を一部参照した際に、その第六条に「各省大臣は其主任の事務に付、時々状況を内閣総理大臣に報告すべし。但事の軍機に係り参謀本部長より直に上奏するものと雖も、陸軍大臣は其事件を内閣総理大臣に報告すべし」と定められていたことが、ミスを誘発した理由であろう。よって参謀本部長という、すでに存在しなかった官職を削除したのである。

では、その後、なぜ帷幄上奏の行為者を明示しなかったのだろうか。

まず、陸軍では軍令機関の長は参謀総長だが、海軍の場合は海軍省が、一時期の例外を除き一八九三年五月に海軍軍令部が独立するまで、軍政・軍令を一元的に管理していた。つまり、海軍の軍令機関の長は海相であり、陸海軍間で制度に大きな違いがあった。

さらに、当時すでに帷幄上奏権の行使者は参謀総長・陸相・監軍（監軍部は一八九八年に教育総監に改編）・海相にまで広がっており、この点からも帷幄上奏の主体を明記できなかった。

すでにみたように、統帥権と編制権は明確に区分できるとは多くの場合、考えられていなかった。そのため編制事項の一部が大臣・参謀総長・監軍による帷幄上奏によって、勅令で処理されていた。内閣官制第七条の制定過程は軍の政治的野心を示すものではなく、編制権の一部がすでに参謀総長

黒田清隆

と陸相が共同で輔弼するべき事項（混成事項）と認識されていたことを示している。

黒田清隆内閣の「帷幄上奏積極容認主義」

先述したように内閣官制は一八八九年一二月に第一次山県有朋内閣で制定されたものだが、帷幄上奏はそれ以前からすでに存在していた慣行である。帷幄上奏によって編制事項を含んだ勅令が成立することを積極的に容認し、内閣官制第七条の制定の実質的な道を拓いたのは、黒田清隆内閣だった。

伊藤博文が一八八五年に内閣制度を創った際、首相の権能や閣議の運営方法について定めていたのが内閣職権（同年）である。その第五条には「凡そ法律命令には内閣総理大臣之に副署し、其各省主任の事務に属するものは内閣総理大臣及主任大臣之に副署すべし」とある。さらに、法令全般の形式を定めた一八八六年の公文式における第三条には「法律勅令は親署の後御璽を鈐し（印を押すこと）内閣総理大臣之に副署し年月日を記入す。其各省主任の事務に属するものは内閣総理大臣及主任大臣之に副署す」とある。

伊藤は首相が国政全般を閣議で決定し、国政のあらゆる事柄に関与できるよう制度を整えようとしていた。すべて首相を通す仕組み（「閣議議決主義」）である。

だが、伊藤博文から政権を引き継いだ黒田清隆は、首相が作成過程に一切携われない帷幄上奏によって成立する勅令に、署名だけはしてその責任を負う立場となることに疑問を抱いた。

そのため、勅令で処理していくという枠は維持しながら、第一次伊藤内閣のようなすべてを閣議で決める方式を放棄し、黒田内閣は勅令が帷幄上奏だけで成立することを認めたのである（「帷幄上奏積極容認主義」）。[*46] 帷幄上奏で成立していた勅令にまで首相が関与する道を拓こうという伊藤の「閣議議決主義」は、内閣制度創始者としての伊藤の理想と意欲の表れだが、現実の政治・行政過程のなかで運用していくには問題があまりに多く、黒田はそのまま引き継げなかったのだ。

内閣官制第四条では、「凡（およ）そ法律及一般の行政に係る勅令は、内閣総理大臣及主任大臣之（これ）に副署すべし」と定めつつ、「勅令の各省専任の行政事務に属するものは、主任の各省大臣之（これ）に副署すべし」とも記載されている。そのため、帷幄上奏で成立した勅令に首相は副署をする必要はなくなり、黒田内閣で問題となったジレンマはいったん回避される。

しかし、問題はそこでは終わらなかった。帝室制度調査局総裁となった伊藤博文は、一九〇七年にこの問題を蒸し返す。

公文式の廃止、公式令の制定——伊藤の巻き返し

帝室制度調査局で伊藤は日本の法令や公文書の形式やあり方を再検討し、その結果、公文式は廃止され、一九〇七年二月に新たに公式令（こうしきれい）が定められた。

公式令第七条は、帷幄上奏で成立したものを含むすべての勅令に首相が副署をすることを次のように定めた。「勅令は上諭を附して之を公布す」、「上諭には親署の後御璽を鈐し、内閣総理大臣年月日を記入し、之に副署し、又は他の国務各大臣若は主任の国務大臣と倶に之に副署す」。

公式令制定の翌三月、海軍防備隊条例の公布をめぐって、早速トラブルが発生する。韓国の日本海側の要衝である鎮海湾と永興湾を韓国統監伊藤博文が韓国政府から租借し、統監府と海軍との協議の結果、そこに防備隊を設置することになった。そこで、第一次西園寺公望内閣海相の斎藤実は、公式令の規程に従い、首相と海相の副署による勅令で海軍防備隊条例を発布しようとした。ところが、従来の規程が念頭にある明治天皇は、帷幄上奏によるべきではないかと疑問に感じ、在韓の伊藤に問い合わせる。

伊藤は「海軍大臣の上奏に係る防備隊条例は、一の編制」であり、「行政権能に属する政府の勅令を以て」公布すべきものであるから、「軍令の部類に属するものにあらず」と言い切った。そして、内閣官制第四条前半部分の規程により、首相と海相両方の副署が必要と述べ、従来の規程で処理するとしても海相単独では処理できないと主張した。さらに、すべての勅令に首相の副署が必要との公式令が公布されてもいるので、「公式令に準拠せられざるべからず」と述べている。*47

この伊藤の論理では、海軍防備隊条例に首相の副署が必要とした理由としては、公式令によるというのは付随的なものである。海軍防備隊条例は編制事項であり、内閣（首相）の管掌だというのが主たる理由となっていた。

軍令の制定へ

ところが、軍、特に陸軍は、伊藤の編制権認識よりも公式令の存在を問題視した。そして、公式令を改正することが難しいのならばと、勅令と別の法令体系である軍令を新たに生み出す。

軍令は第一条に「陸海軍の統帥に関し、勅定を経たる規程は之(これ)を軍令とす」と定めた「軍令に関する件」を、勅令ではなく軍令第一号として公示することで創られた。自分で自分を生み出す、不可思議な行為である。

軍令の制定にあたっては最終的に伊藤と山県の会見の結果、伊藤が譲歩した。韓国統監への軍隊指揮権の授与を求めていた伊藤は、この時期、軍のコントロールを目指し、統帥事項の切り崩しを狙っていた。ただし、伊藤が一方的に譲歩したわけではなく、それまで帷幄上奏で処理されていた事務のいくつかは、首相も副署する勅令で処理されるようになる。[*48]

しかし、軍令で公示する種類を陸海軍間で整理していった結果、陸海軍省それぞれの官制や海軍大学校・兵学校条例など一部の例外を除いて（陸軍の場合は陸軍大学校条例や士官学校条例は軍令で公示する事項と定められている）、軍関係の条例は、以後ほとんど軍令で公示されていく。[*49]

軍が軍令を生み出した理由は、以下のように説明されている。「公式令制定と共に公文式を廃止せられたる結果、勅令は総(すべ)て内閣総理大臣の副署を要することとなれり。抑(そもそ)も事の軍機軍令に関し若(も)しくは之(こ)れと同一の性質を有する軍事命令は〔中略〕普通行政命令と全く其(その)性質軌道を異にして、専門以外の立法機関若は行政機関の干与（かんよ）を許さざるを以（もっ）て建軍の要義と為す」と。[*50]

ここには、本書「はじめに」でも説明した、「軍事の特殊専門意識」がみてとれよう。軍事に関することは軍人にしか担えないという理由で、首相といえども軍人以外の関与を拒否したのだ。[*51]

事の発端は伊藤が防備隊条例は編制事項と指摘したことだった。軍は公式令に反発し、軍令を制定し、最終的には陸海軍間で軍令によって公示すべき内容を議論・整理していくなかで、伊藤の主張に間接的にではあるが、反論がなされたことになる。すなわち、軍の見解では、ごく一部の例外を除いて軍関係の条例には、ほとんど統帥事項が含まれているというものだ。

この軍令制定に至る一連の騒動には、第2章でみていくような、近代日本で何度も繰り返されたあるパターンを見ることができる。

何が編制事項で、内閣もしくは文官の担うべき事項なのかについて、内閣や文官側から問題提起の行動が行われたとき、軍はそれに反論する過程で、統帥権と編制権が不可分であることを主張する。そして、それらは軍人にしか担えないという「軍事の特殊専門意識」を再認識し、軍の外部に強く主張する形である。

3 海軍の反発——軍令部の独立へ

軍政・軍令一元運用の時代

ここまで、明治期における統帥権の独立の成立過程について、陸軍を中心にみてきた。ここからは、海軍の軍令機関である海軍軍令部がどのように独立したのかをみていく。

先述したが、海軍では一八九三年五月に軍令部が独立するまで、海軍省が海軍の軍政・軍令を一元的に管理していた。一八七二年に兵部省が陸軍省と海軍省に分割された際、海軍省軍務局には「海軍諸軍議」を担当する軍事課がそのなかに置かれていた。

一八七八年に参謀本部が独立し、陸軍省が陸軍の軍政・軍令を一元的に管理していた体制が、二元体制に変化する。陸海軍はその機構を積極的に統一しようと考えていたわけではない。だが、それでもある程度の統一を保つためか、海軍では一八八四年二月に海軍省軍務局を廃止し、海軍省外局として海軍軍事部を設置した。軍令機能を独立させることはせず、海軍省の一部局のままだが、それでも海軍のなかで軍令機能を担うのが、軍務局のなかの一課から外局になった。

ただし、その海軍軍事部の職掌は「兵制節度、艦隊編制、海岸防禦(ぼうぎょ)の方案、艦船砲銃水雷の利害得失、水路の難易等の講究其(その)他軍令兵略に関する事」と、のちの海軍省軍務局や人事局の機能も併せ持った機関であり、海軍軍事部は軍政・軍令の両方の機能を担っていた。

海軍軍事部がほぼ純然たる軍令機関となるのは、一八八四年一二月に、海軍省に総務局が設置され、海軍軍事部の軍政機能が移管されたことで、軍事部の職掌の主たるものが「軍事の計画」に整理されたときだった。

海軍の反発——陸海軍の統合軍令機関

海軍軍事部の業務は一八八六年、参謀本部に置かれた海軍部に移管される。これによって海軍省から軍令機能が除かれ、海軍省は軍政機関となった。それは参謀本部が陸海軍の軍令を一元的に担うことを目的としたものだった。

一八八六年の海軍条例によると、海軍の軍令事項は、参謀本部長が計画し、天皇の裁可を得たうえで、それを海相に移して執行させることとなっていた。参謀本部長は皇族とはいえ陸軍大将の有栖川宮熾仁であり、海軍が陸軍に従属しているような扱いに海軍は不満だった。

陸軍は陸海軍の統合運用体制の実現にこだわっていた。一八八八年には有栖川宮が務める参軍の下に、陸軍参謀本部（陸軍参謀本部長は小沢武雄）と海軍参謀本部（海軍参謀本部長は仁礼景範（にれかげのり））が置かれる体制となった。陸軍参謀本部は三宅坂（みやけざか）に、海軍参謀本部は赤坂葵町（あおいちょう）にあり、幕僚は別々に勤務していたため、実質的には陸海軍が普段から綿密な連絡を保っていたわけではなかったが、それでも形式上は陸海軍の統合軍令機関である。

陸海軍の軍令機能が統合されていたのは、歴史上、海軍軍事部の業務が参謀本部に移管されてから、この参軍が置かれていた短期間だけである。

海軍の不満と反発により、一八八九年に参軍は廃止された。海軍の軍令機関は海軍参謀部として、再び海軍省の管轄下に置かれる。その後、海軍は再び海軍の軍令機能が陸軍の下に従属するようなことを防ぐために、海軍の軍令機能を海軍省から独立させて、参謀本部と同格とすることを主張し

図2　軍令機関の変遷（1878〜93年）

第1次陸海軍軍令機関二元体制期

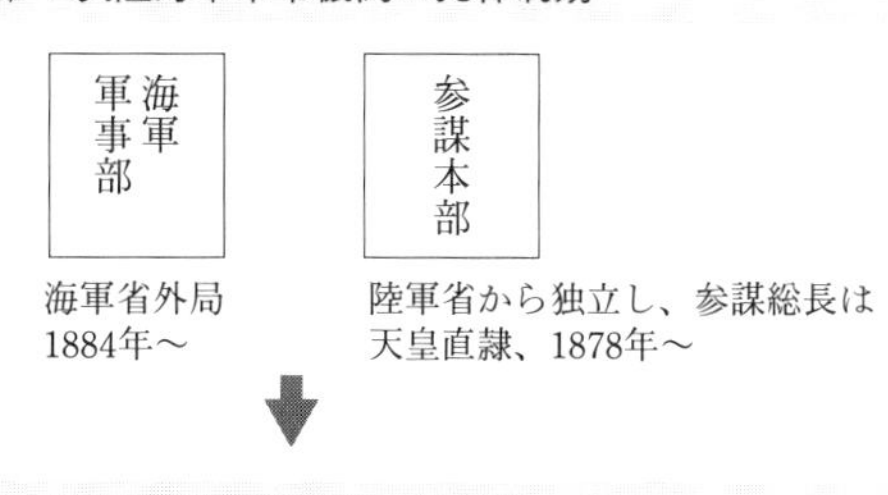

陸海軍軍令機関一元体制期

1886年3月〜88年5月　　1888年5月〜89年3月

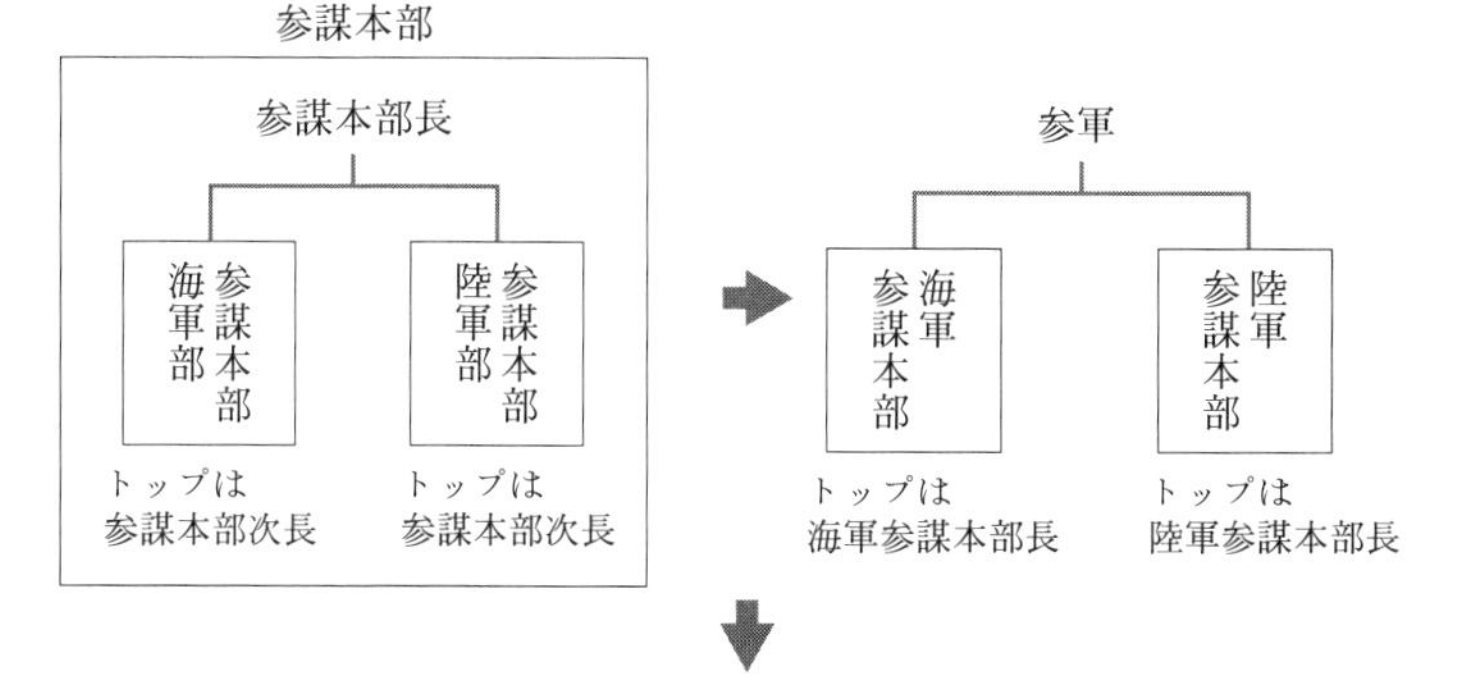

第2次陸海軍軍令機関二元体制期

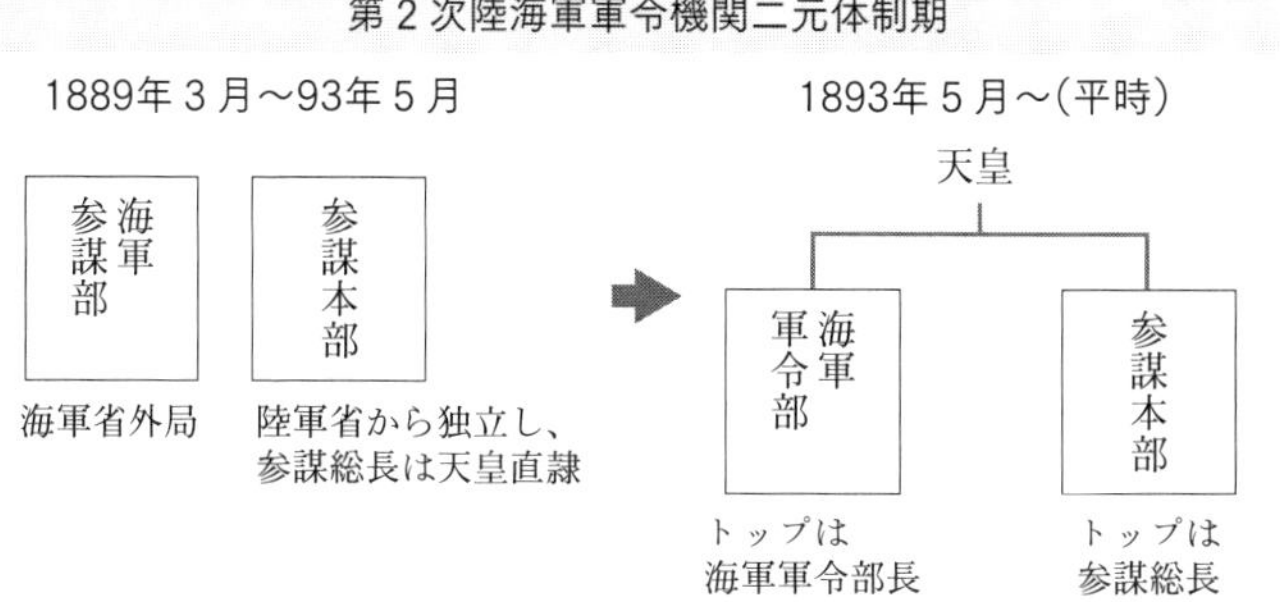

ていく。当時の海軍の意見をよく示しているのが、一八九二年と九三年の二度にわたって首相である伊藤博文に提出された、「海軍参謀部条例を廃し海軍軍令部条例制定に関する件」である。

そのなかで海軍は、海軍省から海軍の軍令機関を独立させる理由を次のように述べている。「軍事の性質として軍機戦略に関することは実に特異の規画を要す。之を不羈独立の位地に置き、確乎一定の軌道に由らしめざれば、啻に軍勢兵力の一致を傷うのみならず、軍事行政の基礎も亦鞏固なる能わず」。つまり、軍事という分野の特殊性から、軍令機関と軍政機関をそれぞれ独立させることが、両者の運用上も適当であるとする。そのうえで、「軍事日に複雑に赴くの今日に至ては、宜しく一歩を進め軍事計画の職を分て独立機関と為し、其職権を増すと同時に責任を尽さしめ〔傍線引用者〕」と記す。[*52] 海軍の軍令機関の独立の必要を訴えると同時に、軍令機関の地位の上昇を目指していることが明確に示されている。

前節で軍の外部からの問題提起を契機として、軍が自らの専門性を再認識することが近代日本ではしばしば見られると述べたが、ここでは陸海軍間で同じことが起こっている。陸軍の下に置かれていると感じた海軍は、それに反発して自らの専門性を主張し始めたのである。

海軍の軍令機関の独立構想について明治天皇は、戦時において陸海軍が競合することを懸念した。参謀総長の有栖川宮熾仁も同様の考えで、明治天皇に独立構想への反対意見を述べた。その意見では、まず海軍の軍令機関が独立して参謀本部と競合することで、日本の軍の運用方針が定まらなくなることを懸念し、そのうえで、「凡そ軍事に忌む所のもの、未だ画策の一定せざるより甚だしきは有らず」と主張していた。[*53]

その後、明治天皇は参謀総長・次長、陸相・陸軍次官、海相・海軍次官、山県有朋による会議を命じた。その会議は結論として「平時より出師(すいし)国防及作戦を計画し在(あ)らざる可(べか)らざること、海軍も亦(また)陸軍に異ならざるは理勢の当(ま)さに然(しか)るべき所なり。故(ゆえ)に海軍に高等の参謀部を置くの議は之(これ)を撤回す可らず」と、[*54]海軍の専門性は陸軍のそれと同格と認めた。つまり、平時において陸海軍の軍令機関が並立することを容認したうえで、戦時では参謀総長が陸海軍を統合運用する仕組みを構築すべきという提言となる。

こうして、一八九三年に海軍軍令部は独立し、戦時大本営条例が定められた。その第二条では「大本営に在て、帷幄(いあく)の機密に参与し、帝国陸海軍の大作戦を計画するは参謀総長の任とす」と記されている。翌年に勃発した日清戦争を、日本はこの体制で戦った。

なお、参謀総長は最初、有栖川宮熾仁が務め、有栖川宮が在職中に病死してからは、小松宮彰仁が務めた。

防務条例をめぐる陸海軍の対立

平時における陸海軍の軍令機関における対等化が実現したとはいえ、戦時では参謀総長が「帝国陸海軍の大作戦を計画する」役目にあった。このことから、日清戦争後、軍令機関の地位をめぐる陸海軍の対立が再燃する。

山本権兵衛

一八九七年に参謀総長小松宮彰仁が海相西郷従道に対し、平時における海軍の動員体制を問い合わせた。「平時に於て陸海両軍の大作戦に関する計画準備を為すは、参謀総長の職権外」と考える西郷は、有事の際にあらためて考えるとだけ回答した。それに対し、小松宮は「陸海軍の大作戦を計画するの責任あり。平時より之が計画準備を為さざる可らず」と主張し、海軍からの具体的なプランを欠いたまま、動員計画を策定し上奏している。[*55]

その後、第二次山県有朋内閣の海相に、山本権兵衛が就任する。山本は西郷従道が海相を務めていた時期、実質的に省内の事務全般を取り仕切って近代日本の海軍の育成に大きな役割を果たした海軍随一の軍政家だ。陸海対等を目指す山本は、陸軍から提案や照会があった際、折に触れて陸軍の意見を論駁していった。

たとえば、日清戦争中の一八九五年に制定された防務条例の改正過程においてである。防務条例では、陸軍軍人が務める東京防禦総督の下に横須賀鎮守府司令長官が位置付けられているなどの点に、海軍側は不満を感じていた。山本が海相に就任してからの海軍は、たとえば防務条例の第三条に「東京防禦総督部の編制及平時の業務は別に定むる所に依る〔傍線引用者〕」との一文があることから、防務条例が定めているのは基本的には戦時の防衛体制と主張した。そして、平時においては、防務条例を根拠に陸軍が海軍の防衛体制を問い合わせても応じようとしなかった。*56

山本は「今日に在ては我海軍は少なくも帝国兵力の半面を形成」していると認識していた。そのため、山本は「陸兵は軍国の大本なりと称し、或は国防は単に陸軍にありと論じ、以て国防上の一大要素たる海軍を強いて陸軍の権下に圧倒せんとするが如きものあらん」と、海軍の従属を当然視していると、陸軍を非難した。*57

こうして、海軍は防務条例の改正を主張した。元帥府（天皇の軍事顧問機関であり、このときの元帥は小松宮彰仁、山県有朋、大山巌、西郷従道の四名）は海軍の意見を容れることとなった。そして、第三条は「平時陸海軍相連繋する防禦計画の要領は、参謀総長海軍軍令部長と協商し、裁定の後、陸軍大臣及び海軍大臣に移す」と、平時における防衛計画の策定時、陸海軍の立場は対等となった。*58すると、陸軍内では、陸海軍の意見調整を十分に行うことができないとして、元帥府への不満が蓄積されていった。

対等へ――戦時大本営条例改正と軍事参議院

海相である山本権兵衛のもとで、海軍は戦時大本営条例の改訂も提案している。

山本は「参謀総長は国防用兵に関し陸軍に於ける諸計画を掌ること、猶海軍軍令部長が国防用兵に関し海軍に於ける諸計画を掌るが如く其責務の軽重正に相対する」と述べている。陸海軍それぞれの専門性を考えれば、参謀総長と海軍軍令部長とは対等でしかるべきであるとの主張だ。そして、「戦時に際し、海軍軍令部長の責務を参謀総長の所掌に併合し、参謀総長をして当然の職務として之が統理の任に当らしむるは秩序を正うする所以の道にあらざる」とする。つまり、戦時においてのみ、臨時に陸海軍を束ねる存在を置くべきと主張した。[59]

それに対して陸軍は、国防計画は平時から準備しておかなければならないという立場から、海軍の提案に強く反対した。

明治天皇は陸海軍の意見を元帥府に下問したが、元帥府も海軍案に反対しながら、「陸海両軍は等しく国家の干城として互に比肩駢立し、同じく陛下の股肱たり」という認識のもと、参謀総長と海軍軍令部長らが、どちらが上かを争ってしまうことで、職務の遂行に影響がでることを懸念した。そして、「陸海両軍に参画の権能を分つと同時に、陸海聯立の機関を帷幄の下に置き、両軍聯繋の計画行動に関する意見を徴し、以て其協固〔ママ〕を律するの資に供」すべきであるとし、「此機関は両軍の高等将帥より成る会議組織」とすることを提案した。[60]

つまり、元帥府は陸海軍の立場を対等なものとして扱わざるを得ないとし、陸海軍どちらから陸海軍を束ねる将官を出したとしても、陸海軍間のわだかまりは解消されないと考えた。そのため、陸海軍からそれぞれ人員を出して構成する会議体での陸海軍協調を実現させようとする。こうして置かれたのが軍事参議院である。

陸軍のなかにも、参謀次長の児玉源太郎のように、元帥府が陸海軍の調整を実現できなかったことに不満を持ち、元帥府改革の一環としてこうした陸海軍間の意見調整を行う諮詢機関を設置するべきという考えを持った者もいた。[*61] 軍事参議院の設置という妥協案は、陸軍でも何とか受け入れられた。

こうして、一九〇三年に戦時大本営条例が改正された。改正戦時大本営条例の第三条では、まず「参謀総長及海軍軍令部長は各其の幕僚に長として帷幄の機務に奉仕し、作戦を参画し」と、参謀総長と海軍軍令部長を並記した。そして、第四条で「陸海軍の幕僚は各其の幕僚長の指揮を受け計画及軍令に関する事務を掌る」と、陸軍の幕僚は参謀総長の、海軍の幕僚は軍令部長の指揮を受けるものと定めた。

こうして、海軍軍令部は完全に参謀本部と対等・同格な存在であることが確認されたのである。

統帥権の独立の完成

一般的に、統帥権の独立は一八七八年一二月の参謀本部の独立によって成立したとされる。しかし、統帥権の独立の本質が軍事の分野における専門性の尊重とすれば、統帥権の独立は日清戦争直前の一八九三年に海軍軍令部が独立し、日露戦争直前の一九〇三年に海軍軍令部が参謀本部と対等な地位を獲得したことによって完成したと言える。

もし、陸軍が主張したような、参謀総長が陸海軍の統合運用を担う体制が実現していたならば、軍事技術は専門的だという理由で軍外からの意見を拒絶することは難しかっただろう。専門分化が進んでいくにもかかわらず、海軍の軍事技術の専門家でない参謀総長が海軍の采配を振ることになり、専門的な知識や経験がなくても軍をコントロールすることができることになるからだ。

しかし、海軍軍令部が参謀本部との対等な地位を獲得し、同じ軍人であったとしても陸軍の軍人は海軍の領域に関与できないとなれば、陸海軍それぞれの専門性はより強い権威を帯びる。軍令部が独立し、参謀本部との対等な地位を獲得したことによって、日本は統合よりも専門分化を選択し、各分野の専門家を分野外の人間がコントロールすることができなくなる体制が確立したのである。

伊藤博文は日清戦争の際には首相として、日露戦争の際には元老（帝国憲法に記載されていないものの、天皇の重要政務への決定に大きな影響力を持っていた政治家の総称）として、戦略の決定にも大きな影響力を持っていた。その点で、たしかに日清・日露戦争は陸海軍の指揮・運用に軍の専門家以外が関わっていた。

しかし、日清戦争と日露戦争の勝利は陸海軍の威光を強め、専門知に立脚しているとみられた軍の意見を軍外から批判・否定することは難しくなっていく。大正期の元老には、山県有朋・井上馨・松方正義・西園寺公望らがいたが、軍人である山県以外が軍内部の問題に介入することはできなかった。

実は、この第1章では、意図して「軍部」という言葉を使ってこなかった。軍部という言葉がいつ頃から使われ始めたのかは定かでないが、おおむね日露戦争前後からと指摘されている[*62]。その時期から、陸海軍が独立した無視できない勢力と見られ始めたからだ。統帥権の独立が完成し、政治と軍事が分化することによって、軍外の政治主体が軍に干渉できなくなっていったと考えられよう。

しかし、それと同時に、軍の政治への干渉を抑止する論理も生み出されていた。たとえば、日清戦争後の『時事新報』(一八九五年九月二一日)社説にそれをみることができる。そこでは、まず日清戦争で勝利をもたらした軍をたたえているが、同時に、軍について「政治上に就ては一点の野心もなきが如し。若し万一これありとするも、今の政府の組織は軍人等の干渉を許さざるのみか、実際に国民一般の悦ばざる所なり」と[*63]、軍人の政治関与は許されないと主張していた。

軍はのちに、統帥権の独立を背景に政治関与を強めていく。だが、本来、統帥権の独立は、「国務」による「統帥」への関与を排除すると同時に、「統帥」が「国務」に関与することも禁ずるものだ。のちの一九三〇年代における軍の政治関与は、統帥権の独立という「国務」と「統帥」の二元構造から必然的にもたらされたものではない。

つまり、統帥権が独立していたから軍が政治関与を強めたわけではない。当時の国内外の情勢や実際の政治主体間の力関係が変化したために、軍が政治関与を強めたのだ。そうであるならば、国内外の情勢や実際の政治主体間の力関係の変化によって、軍が政治の影響を受けることも、またあり得る。

次章では、政党勢力が力を増していくなかで、軍が政党政治によっていかなる影響を受け、政党政治の時代にどのように対応しようとしていたのかをみていきたい。

第2章　政党政治の拡大のなかで――一九〇〇～二〇年代

1　軍部大臣現役武官制の制定、そして廃止

本章では、政党政治に軍がどのように対応していったのかをみながら、統帥権の独立について考えていく。

統帥権の独立は、軍事に関することは軍人にしか担えないという「軍事の特殊専門意識」によって支えられていた。独立した軍令機関や軍令といったものは、すべてその「軍事の特殊専門意識」を存立の基盤としている。それは、ここから述べていく軍部大臣現役武官制でも同様である。近代日本では軍部大臣の資格をめぐって、つまりは軍事と政治の領域と担い手が幾度も議論されていく。

政党内閣以前の軍部大臣任用資格

軍部大臣現役武官制は、第二次山県有朋内閣によって一九〇〇年に定められた、陸海軍大臣に就けるのは現役の大将・中将に限るという制度だ。まずはそれ以前の陸海軍大臣の任用資格を確認し

ておきたい。

一八七一年に定められた兵部省職員令で兵部卿の任用資格は「本官少将以上」、つまりは将官と定められていた。兵部省が陸軍省と海軍省に分割されてからも、陸軍省職制事務章程で、陸軍卿は将官と定められている。ところが、その規定は一八八一年一一月に廃止となった。その後、一八八六年二月の陸軍省官制で陸軍省職員は武官と定められた。そして、一八九〇年三月の陸軍省官制の改正時、「陸軍省職員定員表」に、大臣・次官の資格として将官であることが盛り込まれた。しかし、その規程は一八九一年七月の陸軍省官制の改正時に、再び削除される。

つまり、陸軍では、一八八一年一一月から八六年二月までと、九一年七月以降は、卿・大臣の任用資格はなく、規程上は武官でなくても卿・大臣を務めることができた。

海軍の場合は、一八八六年二月の海軍省官制で第二条「海軍省職員は翻訳官を除くの外、武官を以て之に補す」と規定されるまで、海軍卿・大臣の任用資格を定めたことはなかった。実際、実務はほとんど武官である海軍大輔の川村純義がとっていたとはいえ、初代海軍卿勝安芳（海舟）は武官ではない。その規程も、一八九〇年三月の海軍省官制の改正で削除され、附属の「海軍省職員定員表」で、大臣・次官の欄に任用資格が特に盛り込まれず、再び海相には武官以外も就けるようになった。

つまり、海軍で大臣が武官でなければならなかったのは、一八八

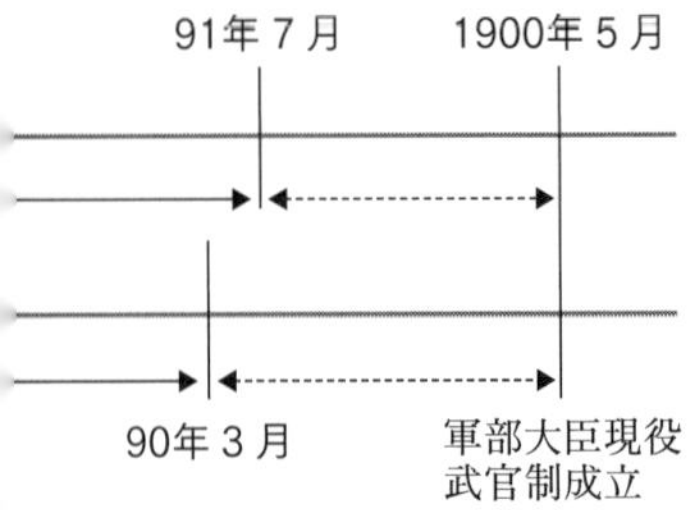

91年７月
1900年５月
90年３月
軍部大臣現役武官制成立

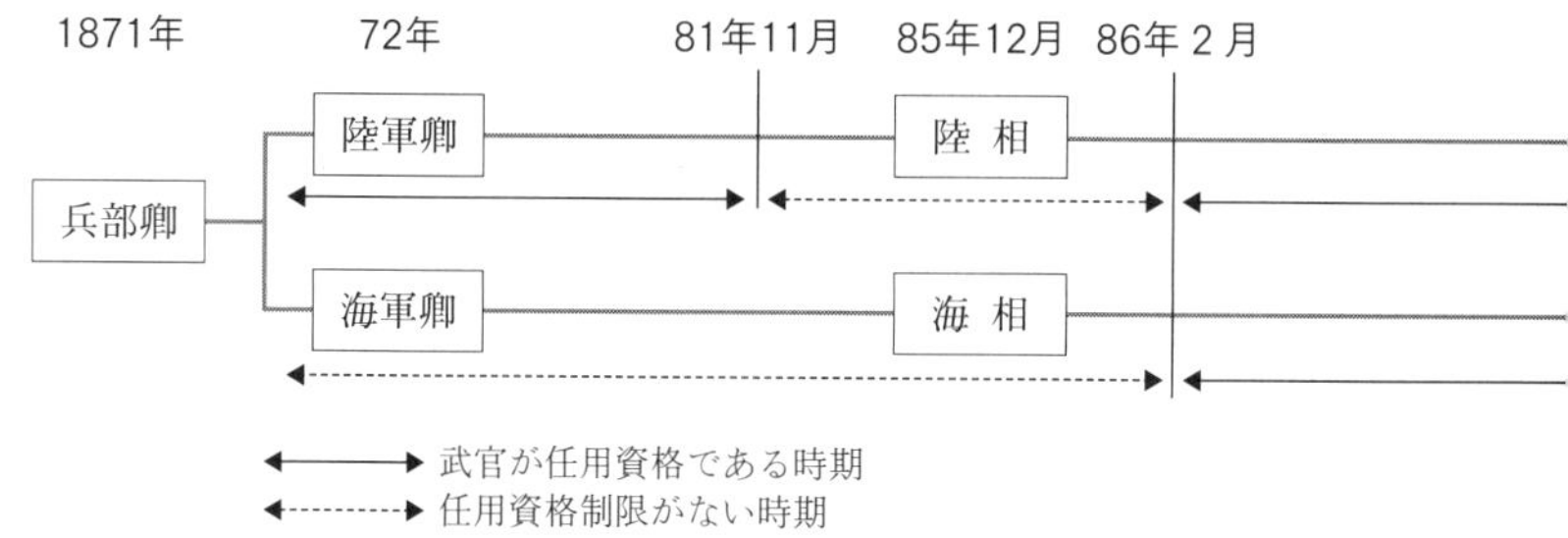

図３　軍部大臣任用資格の陸海軍比較

六年二月から九〇年三月までのみである。

陸海軍卿・大臣に任用資格の制限がなかった時期があるのは、次の理由によると考えられる。まず、それらのポストが特殊なものだと認識されていた。そして、陸軍省・海軍省の事務に軍令事項が含まれていることが周知の事実だったため、武官と限定しなくとも、武官以外は務められないと認識されていたのだ。[*1]

伊藤博文の軍部大臣武官専任制論

では、なぜ陸軍は一八九一年七月に陸相の任用資格を撤廃したのか。明治天皇はこの措置によって、文官が陸相を務める可能性に不安を感じ、伊藤博文に対策を下問している。それに対する九月一五日の伊藤博文の返答をみていきたい。

そもそも、伊藤はこの時期、政党政治家が陸海軍大臣を務めることに不安を感じ、武官がそれを務めて、軍を政治から隔絶させる必要があると考えていた。そうした伊藤の意図は、次の一文によく表れている。「其軍政を管理する大臣たるもの、政党又は政熱に揺撼せられ易き、普通の政治家と称するものを以て之に任ずるよりも、其軍事上に練磨して軍制軍律及軍人の情状に熟達せる、素養ある将軍を以て之に任じ、容易に其軍制の組織を変易せしめざるの勝れるに如かず」。

そのため、伊藤は「過般の官制に於て、将官を以て大臣に任ずるの制限を廃したるは、博文之を採らず」と、陸軍が陸相の任用資格を撤廃したことを批判している。
ただ、伊藤は次のようにも述べている。「海軍は必ず海軍将官を以てし、陸軍は必ず陸軍将官を以て之に任ずると為すが如き、其区域を狭窄ならしむるは、将来事実上に於て、其困難に遭遇するの虞あること必定なり。如何となれば、陸軍は将官才器多数なるを以て尚可なりと雖、海軍に至ては、僅に或は一二の将官大臣の任に勝ゆるの人物なきにあらざるも」[*2]云々と、海軍が海相の資格をあまりに限定すると、適任者を得にくくなってしまうと、一定の理解を示している。

わざわざ伊藤がそのように述べていることから、一八九〇年三月に海軍大臣の武官専任制を廃止し、九一年七月に陸軍が同様の措置をとったことは、陸軍が海軍に配慮し、あえて海軍の制度と合わせたとも考えられる。

海軍大輔・卿を長く務めた川村純義が退いてから、海相には陸軍中将である西郷従道が就任した。その後に樺山資紀や仁礼景範が短期間海相を務めた時期があるも、一八九八年に山本権兵衛が海相となるまで、基本的には西郷従道が海相を務めている。海軍は陸軍に比べて人員が圧倒的に少なく、海相を務められるほどの政治的手腕を持った人物を容易には確保できなかったのだ。

軍部大臣現役武官制の成立

一八九八年に憲政党による日本初の政党内閣として成立した第一次大隈重信内閣は、官吏の身分保障を約束しつつ、政治任用ポストを拡充し、官僚機構の要所に政党人を送り込むことによって立法と行政の円滑な運用を目指した。*3 だが、猟官運動の激化と党内対立の深刻化から、わずか四ヵ月で内閣は瓦解し、憲政党も分裂する。藩閥政治家や官僚は政党勢力の官僚機構への侵食に強い危機感を抱いた。それは山県有朋も例外ではなかった。

第一次大隈内閣の後を継いだ第二次山県有朋内閣は、第一次大隈内閣時の混乱が、当時の文官任用令では局長以上の勅任官が自由任用であったために起きたと考えた。そのため、文官任用令を改正して、各省幹部職員にも文官高等試験の通過を義務付ける。そして、軍部大臣現役武官制を定めた。軍に政党勢力の影響が及ぶことを防ぐため、陸海軍大臣の任用資格に、武官の資格を復活させたのだ。

閣議に提出された陸軍省官制と海軍省官制の改正案では、ともに第一条に「陸軍（海軍）大臣及総務長官は陸軍（海軍）現役将官を以て之に任ず」とあったものを削除し、附表の「陸軍（海軍）省職員表」の備考欄に、第一条にあった現役規程を書き加えた。

一見すると重要な改正を目立たせないように行ったかにも見えるが、官制本文で任用資格を定めることは、すでに一八九〇年三月の改正から行われていないので、単に形式を先例とそろえただけだろう。

陸軍省官制の改正案は、改正の理由として、「陸軍大臣は陸軍軍政を管理し、軍人軍属を統督するの責任を有するを以て、軍制建設上勢い陸軍将官ならざるべからず」と記している。[*4] 軍政を管理し、軍人軍属をまとめられるのは軍人だけだという、「軍事の特殊専門意識」がはっきりと表れている。

一方、海軍省官制の改正案は、改正の理由をまったく記していない。[*5] 海軍の改正は、この時点では単に陸軍に合わせたものだったのだろう。第二次山県内閣の海相であった山本権兵衛は、のちに軍部大臣現役武官制を廃止する際、「先年此規定を設くるに際し、現役者を採用する事は必要なれども、必らずしも之を規定し置くの必要なしと主張せし位なり」と述べている。[*6] 山本は、たとえ政党内閣になったとしても、政党が軍の意向を無視して軍部大臣に現役将官以外を据えることは非現実的と考え、規程を作る必要を感じていなかったようだ。

軍部大臣の任用資格に、単に「将官」とするだけでなく、「現役」が付け加えられたことで、周知のように、軍部はその後、内閣の生殺与奪権を握ることになる。現役軍人の人事は陸海軍がそれぞれ決める。そのため、政変もしくは軍部大臣の辞職時に、軍が後任大臣を現役軍人のなかから推薦しないと、予備・後備役軍人が大臣になれないのであるから、内閣は成立できなくなる。軍は気に入らない内閣を倒閣することができるようになったわけである。

ちなみに、予備役とは現役を終えて除隊した、戦時に必要に応じて召集される者であり、後備役は予備役の終わった者がなり、予備役に次いで戦時に召集される。

では、山県らは軍に倒閣の手段を与えるために、「現役」の二字を書き加えたのであろうか。この点については、それを明確に示す史料が見つかっておらず、推測の域を出ない。だが、おそらくそこまでは考えていなかったと思われる。

そもそも、一八八〇年代の規程で「将官」としか記されていないのは、その時期には予備役将官がほとんどおらず、「将官」とはほぼ「現役将官」と同義語だったからだ。それが、一八九〇年代以降、予備役将官が増え、なかには反山県派の四将軍（三浦梧楼・曽我祐準・谷干城・鳥尾小弥太）もいたことから、山県は「将官」とのみ記すわけにはいかなかったのだ。

この一九〇〇年の改正まで、武官であることすら陸海軍大臣の任用資格となっていなかったのであるから、その改正の力点は武官の資格を復活させることにあったに過ぎない。伊藤博文のように、軍外部も軍部大臣の武官専任制を当然視していた。倒閣が可能となることをまったく想定していなかったかは不明だが、おそらく山県らはそういった事態が起こる可能性を高くは見積もってはいなかった。それよりも軍への政党の影響力を排除する仕組みを設けることを優先したのだろう。

当時の新聞でも、軍部大臣現役武官制の導入により、軍によって倒閣が可能となることは注目されていない一方、その理由が「〔軍部大臣の職務には〕専門的智識を要すること多多あるべし。普通政事家にして此智識を有せば、所謂鬼に金棒なるを以て何時にても文官制に改正さるるならんも、今日は未だ斯く迄に進み居らざるが如し」という軍当局者とされる人物の説明が掲載されていた。[*7]

大正政変の影響

ところが、周知のように、一九一二年に軍部大臣現役武官制のために、第二次西園寺公望内閣は倒閣される。陸相の上原勇作が辞職し、後任を陸軍が推薦しなかったためである。当時の陸軍は、朝鮮半島を植民地化したことにより、その防衛のために二個師団の増設を第二次西園寺内閣に要求していた。西園寺は財源不足を理由にその要求を拒否し、それが上原の辞職につながった。

上原勇作

当時、すでに元老として政界にも隠然たる影響力を発揮していた山県有朋にとっても、軍部大臣現役武官制を利用しての陸軍の倒閣は不本意だった。

そもそも、上原は薩摩藩出身であり、山県と上原との間の意思疎通は必ずしも円滑ではなかった。陸軍が二個師団の増設を強硬に要求したのは、内大臣として宮中入りしていたものの、首相再登板を狙い内閣の崩壊を画策した桂太郎が焚(た)きつけたためでもあった。当時の桂は山県からの自立を目指しており、その少し前から山県と衝突することが多々あった。

山県はたしかに第二次西園寺内閣の行財政理に不満を持ち、それを牽制したいとは考えていた。加えて、自分の手を離れた桂に代わって、朝鮮総督であった寺内正毅(てらうちまさたけ)に政友会と提携させて政権を担当させる構想を抱いてもいた。だが、山県も陸軍による倒閣までは望んでおらず、二個師団とは別の方法での陸軍軍備の充実で妥協を図ろうとし、西園寺に妥協を勧めていた。桂と山県との乖離を、上原は気づけずに倒閣に向かったようである。[*8]

西園寺は当時すでに政権担当の意欲を失いかけており、無理をせずに将来の余力を残そうと、あっさりと総辞職を決意する。[*9] 陸軍が軍部大臣現役武官制で倒閣したのは事実だが、西園寺は必ずしも手詰まりだったわけではなかった。

そうした複雑な政治状況は「閥族打破・憲政擁護」のスローガンのもとで後景に退き、西園寺内閣倒閣後に発足した第三次桂太郎内閣はそのうねりのなかでわずか二ヵ月で総辞職に追い込まれた。そして、政党関係者や世論は軍部大臣現役武官制の問題点を強く認識することとなる。

廃止

立憲政友会は第三次桂太郎内閣に、軍部大臣任用資格の改革を求める質問書を提出した。それに対して第三次桂内閣は、「現行陸海軍省官制中大臣を現役将官に限るの制は、施行以来長く年月を経過したるも、今日に至る迄憲政の運用に関し別に支障あるを見ず」と回答し、[*10] それを拒否していた。そのため、第三次桂内閣の後を継ぎ、第一次山本権兵衛内閣の与党となった政友会は、軍部大臣の任用資格の改革を行うことになる。

一九一三年二月二〇日に政友会の協力を得て第一次山本権兵衛内閣が成立すると、三月六日に政友会幹部は山本に、国内世論の緩和と予算通過のためには軍部大臣現役武官制の改革が必要と主張した。予算の通過を優先する山本はそれに同意し、三月一一日に衆議院本会議で軍部大臣任用資格の改正の方針を表明する。

山本の古巣である海軍は、改正には特に反対していなかった。だが、陸軍は激しく反発する。そこからの山本は、陸軍内の強硬意見を抑止しきれなかった陸相の木越安綱をせき立て、陸軍の不満を抑え込みながら、強硬な姿勢で軍部大臣現役武官制の廃止を実現していく。

四月一七日に陸相の木越は山本に陸軍の反対を伝達した後、一九日に茅ヶ崎の知人別荘に引きこもったが、山本は二二日に出頭を督促した。そして二三日に山本は陸相木越、参謀総長長谷川好道と会談し、長谷川から「不同意なれども之を決行せられて可ならん」との言質を獲得する。[11]

参謀総長である長谷川が消極的ながら黙認を表明したのは、軍部大臣現役武官制が陸軍省官制の規程であり、その改正は内閣が管掌する事項であったためだろう。そのため、長谷川と元帥の奥保鞏は、軍令機関の論理で大正天皇に反対意見を上奏する。陸相の管掌事項のなかには、編制事項だけでなく統帥事項もあるため、軍令機関として主張する余地があると考えたのだ。

ところが、彼らが四月二四日に大正天皇に反対意見を上奏すると、山本がすでに大正天皇からの裁可を取りつけていたことを、他ならぬ大正天皇から明かされる。[12]明らかに山本のほうが政治的技量は上手であり、長谷川と奥の二人は引き下がるしかなかった。

そこから細部の調整があり、陸軍省官制の改正案が大正天皇に提出されたのは、六月一五日だった。政友会の要求から、わずか三ヵ月余りの出来事である。

この改正によって、軍部大臣は現役に限らず、大将・中将であれば予備・後備役でも務められることになった。しかし、現役武官制は廃止されたが、武官である必要はあるとして、武官専任制は維持された。

なお、六月二四日に木越安綱が陸相を辞任すると、後任に山本の強いイニシアティブのもとで楠瀬幸彦（くすのせゆきひこ）が就いた。山本は陸相人事にまで介入したのだ。[*13]

山本権兵衛の意図

山本が陸軍への強硬な姿勢を維持したのには、大きく分けて二つの理由があった。[*14]

まず、山本は政友会との良好な関係を維持したかった。西園寺公望が第二代総裁を務めていた時期から原敬は党運営の中心であり、その原のもとで政友会は人材の確保と体制の整備を進めていた。日露戦後のいわゆる桂園時代と呼ばれる時期においては、原敬の指導のもとで影響力を増しつつあった政友会が、山県有朋らの元老を抑制しながら政局の要として安定的な政治運営を行っていた。[*15]政友会の支持なくして、山本はそもそも政権を維持できなかった。

そして、重要なのは、もう一つの理由である。それは、山本が軍部大臣に予備役の武官が就くことは容認しつつも、文官が就くことには反対だったことだ。

軍部大臣現役武官制の導入時点での山本が、わざわざ規程にするまでもないと考えていたことはすでに紹介した。同時に、実は、山本は現役将官が大臣に就任するのが望ましいとも考えていた。

第一次山本内閣が総辞職し、第二次大隈重信内閣が組閣された際、山本について、「此際予後備将官の海相に出るを心配し、寧ろ八代中将が余り六ヶ敷問題を提起せず入閣せん事を希望せられたり」という記録が残っている。[*16]

海相候補となった八代六郎が、あまりに条件をつけて問題が長引くと、予備役が大臣となってしまうと、山本は警戒していた。政友会の要求から軍部大臣現役武官制を廃止したものの、山本は内心では予備・後備役軍人を大臣にすることにすら反対だった。

軍部大臣に予備役将官が就くことすら警戒する山本は、「若し文官をして陸海相たらしめば、斯の如き重大の時機〔戦時〕に於て非常の困難に陥るなしとせず」と、[*17]軍部大臣文官制にも当然反対していた。

山本が第二次西園寺公望内閣の倒閣後に現役武官制の撤廃を早急に実現しようとしたのは、軍部大臣の任用資格に関心が集まるなか、議論が長引き、軍部大臣文官制にまで至ってしまうことを防ぐためだった。山本もまた、軍部大臣の職務を務めるには、現役武官に優位性があると考えていたのだ。

陸軍の対抗措置

軍部大臣現役武官制の廃止をめぐって山本権兵衛と激しく対立した陸軍も、予備役将官と現役将官とでは現役将官のほうが優れているという認識では、山本と一致していた。

陸軍省軍務局軍事課長であった宇垣一成が執筆・頒布したパンフレット「陸海軍大臣問題に就て」でそれを確認してみたい。宇垣はこのパンフレットを頒布したことで処分されたが、それは内容が問題となったわけではなく、頒布が問題視されていたからだ。宇垣はその後も順調に出世し、陸相にまでなることを考えると、多くの現役陸軍将校の意見の代弁と言えるかもしれない。

宇垣は予備役について、次のように述べている。

所謂大体に於て軍人として全く無能力、少くも低能の部類に属する落伍者と認むるを至当とす。然るに斯くの如き輩をして如上の卓越なる専門知識を要求する事頗る多大なる軍務の調理を主宰せしめ、而かも列強に拮抗して軍事の進歩発達に後れざらんことを期するが如きは、恰も木に縁りて魚を求むるに等しく実に至難の事業なりと謂うべし[*18]

ここには、予備役及び軍人以外の者には軍事は担えないという、現役軍人としての強いエリート意識がある。

こうしたエリート意識と「軍事の特殊専門意識」を持つ陸軍は、軍部大臣現役武官制が廃止され、予備・後備役軍人が将来陸相に就任する可能性があるため、陸軍省の権限を参謀本部や教育総監部に移すことを検討した。

これによって、陸軍省の有していた重要な権限が、統帥権の独立によって内閣の手が届かない参謀本部に移る。具体的には、動員・編制の業務の起案権者が陸相から参謀総長になり、陸相は起案後に協議を受ける存在となった。また、人事については、陸相・参謀総長・教育総監の合議制をとることになった。[*19]

軍部大臣現役武官制の廃止の目的は、政党勢力にとっては、陸軍の政治介入を防止するためだった。しかし、そのことが陸軍を刺激し、現役将官のエリート意識と「軍事の特殊専門意識」を焚きつけ、結果として重要な権限の多くを陸軍省から参謀本部に移動させることになる。このことが、昭和期に陸相を通じた軍部の統制を困難にする一因ともなる。

政党・新聞世論の反応

陸軍は軍部大臣現役武官制の廃止に反対するために予備役の能力を低く評価したが、実は政党勢力や新聞世論も、予備役の能力を低く評価していた。政党勢力や新聞世論は、そうすることで軍部大臣文官制を主張したのである。

たとえば、立憲同志会の大石正巳は、「予後備の軍人は多くは現役に堪え難きの士にして、中略〕単に之を予後備丈に拡充するよりは、更に一歩を進めて文官にても差支なき事に改正するの必要あり」と主張していた。[*20] 現役よりも能力が劣っている予備役でも軍部大臣を務められるのであれば、むしろ軍部大臣文官制を導入してもよいのではないかとの意見だ。

軍部大臣現役武官制の廃止によって、陸軍省から参謀本部に重要な権限が多数移動したが、それも当時の政党勢力や新聞世論からは歓迎されていた。

たとえば、のちに憲政会・立憲民政党の有力政治家となる江木翼は、「其所管を区分し、陸海軍大臣は其省の軍政のみを司ることとせんか。軍政とて一般行政と性質を異にするものに非ざれば、広く非軍人を以て大臣とするも可ならん」と述べている。[*21]

また、立憲国民党の犬養毅も、「今度の官制改革の内で陸海軍官制改革は予後備迄拡張したが、参謀本部の方に軍政の権利を譲って予後備迄拡張するよりも、一層文官に遣らせるが良いのだ」と述べている。[*22]いずれも、陸軍省から参謀本部に重要な権限が移動しているのなら、陸相を文官が務めることもできるという主張だ。

新聞もまた、次のように、統帥事項が軍部大臣の管掌でなくなり、陸軍省が純然たる軍事行政機関となるのなら、陸相は文官が務めたほうが効率的であるとさえ主張している。「今後は陸軍大臣は単に陸軍行政を司どる方に傾くものと言うを得べし。然らば益軍相は文官にて差支なきに非ずや。軍人を指揮命令するには軍人たるを要せんも、軍事行政を執行するには、文官の方或は巧なるべし」[*23]。

軍部大臣の武官専任制は、軍部大臣の管掌事項に編制事項だけでなく、統帥事項が含まれているために容認されているものだった。だが、それらが陸軍内で整理されるのであれば、たとえ内閣の一部たる陸軍省の権限が縮小しようとも、むしろ軍部大臣文官制導入の機会として歓迎される。

陸軍省から参謀本部への権限の委譲は、統帥権の拡大であり、統帥権の独立の強化である。そのうえで、以下の『国民新聞』の主張は、非常に興味深い論点を含んでいる。

我国の陸軍制度は陸軍省、参謀本部、教育総監部の三部、海軍は海軍省と軍令部との二部に区別されて天皇に直属する機関なるが、是等各部は表面に於ては区劃あるも、実際に於ては其の権限に於て判然たる区別なく、従て陸軍省に於ては平時編成を掌りて軍政以外に軍令にも立ち入り居るを以て、自然非軍人を以て大臣たらしむる事は不可能となる也。然れども、若し是等各部の区劃を明確にし軍政、軍令の二系統を各全く独立せしめ、軍政が他の行政事務と同じく特別なる大権の発動による事務と異なるものあるに於ては、軍人以外のものを任用するも差支なかるべしと信ず[*24]

ここでは、陸軍省から参謀本部への権限の委譲によって、軍政が軍人たちの担う領域たり得なくなるとする。陸軍省から参謀本部への権限の委譲は、統帥権の独立の強化でもあったが、同時に、「軍事の特殊専門意識」が発揮される領域の縮小ともなり得たのだ。

軍部大臣現役武官制廃止をめぐる論点

この節でみてきた歴史的経緯について考察していきたい。

軍部大臣現役武官制の制定時にはそれほど意識されず、第二次西園寺公望内閣の総辞職時に明らかになった問題は、軍部大臣現役武官制によって軍が倒閣する術を得たことだ。そして、軍にこの制度による政治介入を許してはならないというのが、軍部大臣現役武官制の廃止をめぐる論争の出発点だった。

しかし、いざ議論が始まると、軍が政治関与するのが是か非かではなく、予備役が、そしていずれは文官が軍事行政を担えるのかが議論された。この議論は、基本的に軍の専門性を一定程度評価・容認することにつながる。なぜなら、どこまでなら文官が担えるのか、もしくは、どのようになれば文官でも軍部大臣を務められるかの議論は、純軍事的な事項については文官が担うことができないという前提に立つからだ。

さらに、そうした議論は軍（特に陸軍）を刺激し、彼らに「軍事の特殊専門意識」を再認識させ、陸軍省から参謀本部へ権限が委譲される。軍人と文官との管掌範囲をめぐる議論は、そもそも統帥権の独立を容認しただけでなく、軍の反射的な防衛行動とも言える統帥権の独立の強化までもたらし、かえって統帥権の独立の問題点を改善しづらくさせた。

政党勢力も新聞世論も軍部大臣文官制導入への道を拓くものとして権限の委譲を歓迎したが、それは彼らの求めたものとはまったく違った結果をもたらすことになる。彼らは軍部大臣の文官制により、軍の政治介入を防ぎ、軍の政治的台頭を抑止して軍をコントロールすることを目指した。しかし、その動きがかえって統帥権の独立の強化を促し、軍のコントロールが難しくなったのである。

時代は徐々に政党政治が定着する時期であり、参謀本部の権限拡大後も、山県有朋と彼の意を受けた歴代の陸相によって、たしかに陸軍統制は継続された。[*25] 統帥権の独立の強化の影響がすぐに問題となることはなく、むしろ次にみるように、軍部は政党勢力に対して劣勢であり、政党勢力の影響を強く受けるようになっていく。だが、統帥権の独立強化の影響そのものがなくなったわけではない。それは第3章でみるように、一九三〇年代になってから問題となってくる。

2 帝国国防方針と予算要求――政党勢力、世論との対峙

帝国国防方針とは

一九〇七年の帝国国防方針の策定では、陸軍の平時二五個師団・戦時五〇個師団、海軍の八八艦隊（最新鋭の戦艦八隻、巡洋艦八隻から構成される艦隊）の整備という、巨額の財政支出を必要とする目標を軍だけで決定した。そのため、歴代内閣の施政を拘束するものとして、統帥権の独立を背景とした軍部の政治介入の典型的事例と認識されることが多い。予算に関することは編制事項であり、それは内閣の管掌範囲であるはずなのに、明らかな軍部の越権行為とみられるからだ。ここからは、統帥権の独立の問題を、帝国国防方針と政党政治の観点から考察していく。

帝国国防方針とは、正確には帝国国防方針・国防所要兵力・用兵綱領の三部で構成された計画である。軍備整備の目標が記載されているのは国防所要兵力である。

帝国国防方針が策定されたのには、いくつかの理由がある。

第一に、一九〇五年の日英同盟の第一次改訂で、対象地域がインドにまで拡大したことによって、防衛戦略を修正する必要があった。

第二に、日露戦争後の財政難のなかで、陸海軍間の予算編成をめぐる対立が激化していたことから、陸海軍の戦略を一致させる必要があると考えられたことも重要である。ただし、実際には帝国国防方針で陸海軍はまったく別立てで記載されるため、陸海軍の不一致は解消しなかった。

第三に、日露戦争に勝利し、日英同盟を維持していたことによって、極東地域で日本は軍事的な脅威を感じることが少なくなったが、そのなかでも、予算を獲得する必要があったからだ。そのため、帝国国防方針では仮想敵(陸軍はロシア・アメリカ・ドイツ・フランス、海軍はアメリカ、ただし、この仮想敵は公表せず)が設定され、それらの国との戦争になった場合を想定して軍備整備が進められることになる。

帝国国防方針の策定の中心的な役割を果たしたのが、参謀本部第一部部員だった田中義一(ぎいち)である。右のような情勢のために国防の意思統一を図る必要を感じた田中が起草した文書が元老山県有朋に提出され、山県はそれに修正を加えて明治天皇に上奏した。そして、明治天皇は国防方針の検討を参謀本部・軍令部に命じ、両統帥部間で協議されたものが成案となった。

帝国国防方針は一九一八年に第一次改訂が行われた。これは第一次世界大戦による戦争の形態の変化やロシア革命による東アジア情勢の激変に対応するための措置である。その後、ワシントン会議の結果に対応するために一九二三年に第二次改訂が、軍縮条約体制からの脱却に対応するために一九三六年に第三次改訂が行われることになる。改訂されても、帝国国防方針は常に軍部の予算要求の基準であり続けた。

帝国国防方針と政党政治

このように、帝国国防方針・国防所用兵力・用兵綱領は陸軍の山県有朋・田中義一を中心に、陸海軍の軍令機関の協議によって策定された。第1章でみたように、軍は編制事項といえど、その起案については自分たちの領分と考えていた。

そのため、それらの計画は「統帥」の領域に属するものであり、「国務」の側である策定時の首相であった西園寺公望でさえも、明治天皇から特別に帝国国防方針と国防所用兵力の閲覧が許されただけで、用兵綱領は閲覧を許されなかった。また、それらはすべて軍統帥の最高機密に属するものとされ、新聞報道によってその存在は知られつつも、内容は一般には秘匿されていた。

しかし、帝国国防方針が策定されたからといって、国防所要兵力に記載された軍備を、軍部が内閣に強制できたわけではない。帝国国防方針は秘匿を要する文書であったため、陸海軍ともに、政府や議会、世論に対して、帝国国防方針の内容を明かして軍備拡張予算を要求することなどはできなかった。帝国国防方針に定められた国防所要兵力は、内閣に整備を義務付けるものではなく、陸海軍それぞれの努力目標、もしくは予算要求の基準である。

むしろ、帝国国防方針によって困難を感じたのは軍部である。彼らは帝国国防方針に基づいて整備しなければならない大兵力に必要な予算を、根拠を明かすことができないなかで内閣や議会に要求しなければならなくなったからだ。

帝国憲法に定められた議会の予算審議権は政党（政党内閣）の軍部に対する強力な武器である。一八九〇年の第一回議会から九四年の第六回議会までの初期議会期において、議会に勢力を持たない藩閥政府は、軍備拡張予算を成立させることにきわめて苦労した。

二個師団増設の予算が認められたのは一九一五年（第二次大隈重信内閣期）であり、八八艦隊の予算が認められたのは一九二〇年（原敬内閣期）である。帝国国防方針の策定から陸軍の要求が実現するのには約八年、海軍の場合は約一三年も経ってからだ。

したがって、帝国国防方針の策定は軍部専横の事例として語られがちだが、一九一〇年代には、政党内閣は軍事予算を一定程度管理できていたと捉えたほうがよい。

田中義一は帝国国防方針を策定するにあたって、参謀総長と海軍軍令部長に注意すべきこととして、次のように述べている。

> 徒らに自己の範囲を拡張するに営々として大局を顧みず、成を行政部の首班に仰ぎ、又は功を輿論の援助に期するが如きは、時に財政の一時的変調を以て国防計画の遂行を阻止せられ、若は之を党略に利用せられて国防の本義を誤るの失態を醸するに至るべし。之れ健軍の根本、軍制の要議を破壊するものにして、深く戒慎せざるべからず*26

ここで田中は、軍令機関だけでの協議を政府に移して実行を要請する際、陸海軍がそれぞれの組織利益の追求を重視し過ぎると、政党の影響を強く受けることになってしまうと警告している。
当時の日本を取り巻く国際環境から大兵力の整備の必要性を盛り込んだ計画を策定したものの、軍部にとって当時の国内状況は、予算を餌に政党に取り込まれてしまうことを警戒しなければならないものだった。

策定後の予算要求

帝国国防方針が策定されたことで、予算要求はむしろ困難を極めた。陸軍は先述のように、二個師団の増設を第二次西園寺公望内閣に要求するも、むしろ政党勢力や世論を敵に回すことになったからだ。海軍の場合も、維持費を獲得することが精一杯であり、新規拡張計画はなかなか認められなかった。[*27]

試みに、帝国国防方針が策定されてからの、海軍の予算要求の論理をみてみたい。

まず、一九一〇年五月に、第二次桂太郎内閣海相の斎藤実は補充予算を要求する際に、イギリスの超弩級艦の登場や、ドイツの大海軍法を理由として、日本も増強を必要とすると主張した。一九一二年一一月、第二次西園寺公望内閣海相としての斎藤実が要求した予算の基準は、「帝国が東洋に在て其国権国利を擁護するに於て絶対的必須の最小限度に由れる標準」というものだ。[*28] 一九一三年一一月に、第一次山本権兵衛内閣の海相として斎藤実は「我国利国権を擁護伸張し東洋の平和を維持すること能わざるを虞る」と訴えた。[*29]

それらのいずれでも、斎藤実は帝国国防方針と国防所要兵力に言及せずに、海軍軍備の必要性を説明しようとしていた。帝国国防方針は、少なくとも表面上は、予算編成過程に出てくるものではなかった。

第二次大隈重信内閣と二個師団の増設

第一次山本権兵衛内閣がシーメンス事件をきっかけに総辞職した後、元老の山県有朋や井上馨は、第二次大隈重信内閣を成立させた。

大隈は、日本最初の政党内閣である第一次大隈重信内閣によって山県らに政党政治への強い警戒感を植え付けていた。第二次大隈内閣の成立は、両者の歴史的和解とでも言える出来事だったが、それは両者がともに、立憲政友会に対する危機感を共有していたからである。組閣にあたって、大隈は井上に対して、次のように述べている。

> 君も知っての如く、山県にしても自分にしても又君も、最早日本の実際の政治圏外に居って既に之れ数年になって居る。そこで其後、桂とか山本が終に二人とも政友会と云うものと聯絡をした結果が、今日の官紀紊乱、「コンミッション」〔賄賂の意〕の騒動、海軍のみならず各省に

までも「デシプリン」なるものが全く無くなり、終には道徳の根源も破壊し、世界の不信用を是れまでに起して来た[*30]

大隈重信

政友会は桂園時代から第一次山本権兵衛内閣の時期に至るまで、政界の核として機能していたが、それによる弊害をあげて、政友会への危機感を大隈は述べている。

ただし、大隈がどの程度本気で政友会の弊害や政治への危機感を述べているかも注意しなければならない。なぜなら、大隈が本当に元老勢力と和解したのかというと、決してそうではない。第二次大隈内閣の主要閣僚は桂系の官僚が多かった。また、与党は桂太郎が山県有朋の庇護を離れてつくった立憲同志会であり、彼らは元老勢力からの自立を志向していた。少なくとも、政治基盤の弱い大隈にとって、「政友会打破」というスローガンは諸政治勢力をまとめ上げるには必要不可欠だった。

第二次大隈内閣は国防問題を議論し、軍事費を調整するという目標を掲げて防務会議を設置し、そこでの議論を経て二個師団増設予算を第三五回議会に提出した。ちなみに、防務会議で陸軍は提案の理由を説明する際、「之が提案の理由に関しては秘密なるを以て明言し難きも」と、帝国国防方針の存在を表に出さなかった。[*31]

政友会が多数を占める衆議院でその予算が不成立となると、大隈は解散総選挙に打って出た。結果、立憲同志会の議席は九五から一五三に躍進し、政友会は一八五から一〇八に議席を大きく減らした。第三六回議会で、二個師団増設予算は成立することになる。二個師団増設予算は解散総選挙の口実に使われたとも言える。

大隈は政友会の勢力を削ぎ、山県と陸軍に花を持たせたことになるが、だからといって山県と陸軍の言いなりになったわけではない。大隈は自身の後継首相を立憲同志会の加藤高明と指名して辞職するも、山県ら元老は長州出身で山県に近い寺内正毅を後継首相に指名した。その結果、立憲同志会を無視して組閣した寺内内閣成立の翌日、立憲同志会を中心に大隈内閣の与党が合同して憲政会を組織し、寺内内閣と対立する図式ができあがった。

大隈内閣での二個師団増設予算の成立は、帝国国防方針の策定による軍の政治的台頭に影響されたものではない。むしろ、政友会の一強多弱状態から二大政党制へと移行する過程のなかで起きた、政治力学上の偶然によるものである。

八八艦隊論

陸軍の二個師団増設に比べると難航したのが、海軍の八八艦隊の整備だった。

第二次大隈重信内閣の海相に就任した八代六郎は政治手腕に欠け、駆逐艦の補充計画程度しか目立った予算を獲得することができなかった。しかし、そのために、八代は予算要求のあり方を大きく変える。八代は、帝国国防方針の内容を一部紹介し、それを根拠として予算要求をするようになった。

一九一四年七月に大隈に予算要求を行う際、八代は次のように述べている。

> 明治四十年〔一九〇七年〕の〔帝国国防方針〕策定に基き第一線艦隊（艦齢八年未満の戦艦八隻、巡洋戦艦八隻を以て最低限の主力とし之に補助部隊として巡洋艦以下各種艦船を附す）を案画せるも、財政の現状に考え、今俄に之を充実すること能わざるを以て漸次之が完成を期することとし、其階段として戦艦八隻、巡洋戦艦四隻を主力として之に伴う補助部隊として巡洋艦以下各種艦船を附することと致度[*32]

八代のこの予算要求の方法の大転換により、八八艦隊という言葉が新聞上でも報道されるようになった。

たとえば、七月一一日には、「海軍拡張の目的は単に艦隊の単位を完成せんと欲するに過ぎずという。然らば艦隊の単位とは如何なるものなるかというに、艦型を等しくする最新式戦艦八隻と同様の戦闘巡洋艦八隻より成るものなり」という八代の発言がとりあげられている。[*33] 八八艦隊の整備を目指す八八艦隊論は一九〇七年の帝国国防方針に登場することになるが、一般的に広まるのは八代が紹介した一九一四年以降である。

八代が帝国国防方針の内容を一部紹介したのは、口が滑ったからではない。八代は当時、以下のように述べている。

「目下海軍の必要とする充実計画は十年前日露戦役後直に実施すべき筈のものにして根幹は国民に示さず枝葉丈ポッポッ発表し来りしなり。余の考えにては左様の秘密主義に拠るべき場合に非ず〔中略〕今後は海軍の計画を毫も秘密に附せず、容赦なく発表する」[34]。この発言から考えると、海軍予算の獲得に焦る八代の意図的な暴露であろう。

八代のもとで海軍次官を務めた鈴木貫太郎は「元来我国防計画の根本議は先帝陛下の御遺勅に基くもの」と述べ[35]、八代首脳部は明治天皇を持ち出して八八艦隊を権威付けようとしていた。

八代と交代して一九一五年八月から二三年五月までの長期にわたって海相を務める加藤友三郎も、帝国国防方針の内容を一部紹介して八八艦隊を要求する手法を継承した。まず、寺内正毅内閣のもとで一九一七年に八四艦隊の予算が、一八年に八六艦隊の予算が成立し、次に、原敬内閣のもとで、一九二〇年に八八艦隊の予算が成立することになる。

八代六郎

しかし、八八艦隊論が唱えられたから、八八艦隊が成立したわけではない。寺内内閣は「大体の国情より国防充実を先決問題となし」と[36]、もともと軍備拡張政策を比較的優先していた。原内閣も四大政綱の一つに国防の充実を掲げていた。

そして、加藤友三郎の政治手腕もさることながら、八八艦隊予算の成立を可能とした最大の要因は、第一次世界大戦の影響による大戦景気と、それによる財政的余裕である。

八八艦隊も二個師団の増設と同様、帝国国防方針の影響で成立したわけではない。

原敬内閣の位置づけ

寺内正毅内閣は官僚勢力主体の超然内閣であり、財政政策の基本を軍備の拡張とともに地方への積極的な財政出動に据えていた。そうした財政策は立憲政友会も共有でき、寺内内閣と政友会は提携関係にあったと言える。[*37]

だが、ロシア革命に干渉するために一九一八年八月から始まったシベリア出兵をめぐって、アメリカの出兵提議を超える自主的出兵を主張する寺内と、アメリカの出兵提議内で兵力量や出兵区域を限定しようとする政友会の原敬との間の意見対立から、内閣と政友会との提携関係は解消した。米騒動の発生直後から統治能力の不足を露呈した寺内内閣を陸軍も見限っており、寺内内閣は崩壊する。

ロシア革命は山県有朋が日露戦争後に長年進めていた日露協商による満蒙地域の確保という外交路線の破綻と、米騒動による寺内内閣の崩壊による内政面での行き詰まりを引き起こしたことになる。政友会の協力なくして、安定的な政治運営はもはや期待できなかったことから、山県は原に政権を委ねざるを得なかった。[*38]

一九一九年九月に首相となった原敬は、参謀本部の出兵拡大路線を封じ込め、限定的な出兵と対米協調路線を両立させることに成功する。原は限定的な出兵のもとで、平時型の総力戦構想を保持していた。また、寺内内閣を上回る政治力によって増税と軍拡を実現することで、陸軍の支持に応えつつ、シベリア出兵をコントロールしながら、陸軍を政治的に包摂していった。[*39] 海軍もまた、先述したように、八八艦隊を成立させるためには原敬内閣との提携は不可欠だった。こうして、本格的政党内閣である原敬内閣は、陸海軍を政治的に取り込んでいく。

軍による政党内閣への対応

一九〇七年に帝国国防方針を策定しても、軍部は政党勢力を圧倒することができなかった。それどころか、政党勢力の動向を無視しては軍備整備も覚束(おぼつか)なかった。一九二〇年代になると、状況はより軍部にとって不利になっていく。一九二二年には山県有朋が死に、世界的な国際協調の機運のなかで、日本国内でも軍縮が実施された。選挙権は拡大し、一九二五年には男子の普通選挙実施が決定された。

こうした政党勢力の影響力が増大する一九一〇〜二〇年代において、軍のなかにも政党政治に積極的に適応していこうとする人物が現れる。

陸軍の代表格は田中義一だった。彼は総力戦の時代の到来を看取し、戦争は陸軍のみで行える時代ではなく、政党を媒介とした国民全体の後押しが不可欠との認識のもと、政党勢力との対立ではなく、提携の道を模索する。

田中は政府主導でのシベリア撤兵を支持し、参謀総長上原勇作と対立しながら、統帥権の独立という仕組みの新たな運用形態を模索していく。田中は陸軍省の統制下に参謀本部を置こうとしていたのに対し、上原はそれを拒否するなど、両者の対立は個人的な感情以上に、陸軍のあり方をめぐって生じていた。[*40]

田中義一

田中と上原の間で幾度も起きた対立のなかで重要なのが、一九二四年に成立した清浦奎吾(きようらけいご)内閣における陸相人事である。上原が山県のような陸軍の長老級の軍人が後任陸相を指名するべきと主張したのに対し、田中は陸軍の三長官（陸相、参謀総長、教育総監）が合議で決めるべきと主張した。

田中は、軍部大臣現役武官制の廃止時に多くの権限が参謀総長に移ってしまったなか、陸相の権限を確立することを考えていた。そうすることで、陸相によって政党内閣のなかで総力戦体制の構築を目指していこうとしていた。彼らの対立は、分立的な統治構造を持った日本における統合力を発揮する主体が、元老から政党へと移り変わっていく当時の時代状況の表れだった。[*41]

結局、二人の対立は田中に軍配が上がる。陸相権限の確立と政党内閣への対応のためになされた三長官会議による後任陸相推薦のルールは、当初は形式的なものに過ぎなかった。しかし、一九三〇年代に陸相の権威が揺らいでくると、参謀本部の台頭を許すものとなる。

海軍において政党政治への適応を模索した人物は、加藤友三郎だった。加藤は政党政治を時代の潮流と認識しており、[42]議会や世論への説明責任を重視しながら八八艦隊予算の成立を訴えていた。[43]そして、次にみるように、加藤は政党政治への対応の一環として、軍部大臣文官制をも検討していく。

3　軍部大臣への文官導入論――一九二〇年代の動向

「軍事の特殊専門意識」に対する批判

ここからは、一九二〇年代における軍部大臣文官制導入論の展開についてみていく。

軍部大臣の有資格者を予備・後備役にまで拡大した軍部大臣武官専任制をさらに一歩進め、軍部大臣を文官でも務められるようにするというのが軍部大臣文官制導入論である。軍部大臣文官制の機運が最も高まったのは、一九二〇年代だった。それは、現職の海相である加藤友三郎までもが、軍部大臣文官制の可能性について言及していたからだ。

では、なぜ軍部大臣文官制は実現できなかったのだろうか。軍部大臣文官制によって統帥権の独立が否定できるわけではないが、軍部の抑制の大きな一歩となったはずである。その理由や、実現できなかったことで生じた影響についてみていきたい。

軍部大臣現役武官制の廃止について述べた際にも言及したが、軍部大臣武官専任制を成り立たせているのは、強烈な「軍事の特殊専門意識」である。軍部大臣現役武官制が廃止されてからも、折に触れてその意識は批判の対象になった。

たとえば、一九一八年一月二三日の衆議院本会議で、立憲国民党の柏原文太郎は次のように陸相の大島健一に質問した。少々長いが引用したい。

> 軍制の根本に於ても多少御改革になることが出来ないかどうか。それは例えば、陸海軍大臣の如き者は、内閣に於ても殆ど治外法権的の位置を有って居るのである。陸海軍の軍人でなければ之になれぬ、是はどう云うものであるか。日本の国民が皆兵になり得ると同様に、如何なる人でも陸海軍大臣になれぬことはない筈である。然るに、陸海軍大臣に限って軍人でなければならぬ、特殊の智識を要すると云うことであるならば、孰れの省に於ても特殊の智識を要するのであります。もちろん特殊の智識のある者が、多く其局に当るようになるであろうが、官制上斯の如きことを存置して置くことは甚だ面白くないと思います

柏原は明らかに「軍事の特殊専門意識」を批判している。これに対して、陸相の大島は、柏原による「特殊の智識のある者が、多く其局に当るようになるであろうが」という部分を利用し、「柏原君御自身にも、其職にある者は其職に応ずる所の経験素養を持った者が宜しいと云う御話である。それには今日の陸海軍の制度は、御意見通のものになって居ると御答するの外は御坐いませぬ」と

述べ、柏原の批判をかわした。[*44]

以後はこの論点は深まらず、次に軍部大臣文官制の議論が盛り上がりを見せるのは、一九二〇年代になってからである。

海相事務管理問題

一九二一年七月二一日、アメリカから日本へワシントン会議を開催する旨の、非公式通知があった。第一次世界大戦によって、国際的地位が大きく向上したアメリカが、国際連盟に加盟しなかったことに伴い、アジア・太平洋地域における集団安全保障の枠組みをつくるために、初めて主催した国際会議である。

この通知を受けた原敬内閣で、まず問題となったのは、誰を全権としてワシントン会議に派遣するかだった。原敬は、「我国情としては文官に依(よ)りて軍備問題を決定し難」いと、[*45]「軍事の特殊専門意識」のもとで、海軍のことは海軍でしか決められないと認識していた。そのため、海相の加藤友三郎を派遣する。加藤は海軍予算の円滑な成立を条件に首席全権として出張することを了承した。

次に問題となったのが、加藤が出張中、誰が海相の事務を執るかだった。これについては、実際には海軍次官の井出謙治が執ることになるとしつつも、原は自分が海相を兼任したいと主張した。たしかに、海軍省官制には海相は将官でなければならないことが定められているが、同時に、内閣官制第九条には「各省大臣故障あるときは他の大臣臨時摂任し、又は命を承(う)け其(そ)の事務を管理すべ

原敬

し」と、首相が兼任できる大臣の種類には何らの条件もなかった。

最終的には、原は海相事務管理という扱いで、加藤が出張中の海軍省の事務をみることになる。この海相事務管理が実現するためには、三つの条件があった。

第一に、海軍の同意を得るためには、海軍にメリットがなければならなかった。これについては、加藤友三郎以下、海軍省のなかにも原の提案を積極的に受け入れようとする者が多かったようである。原には軍部統制の足掛かりにしたい思惑があったが、海軍にとっては、それを条件に原から海軍予算の円滑な獲得という譲歩を引き出すことができるからだ。

第二に、文官である原でも、海相の事務をある程度みることができると思われていなければ、海相事務管理は実現しなかった。

海軍内で当時作成されたこの件を検討した文書のなかには、「憲法は国務大臣の職責に制限を附せざるを以て、国家の元首の大権の一切に付きて輔弼す可きは自然の理」と、統帥権の独立を否定するような文言もあり、海相の代理者が首相であっても、軍令にさえ「海軍大臣代理者が代りて副署するは支障あることなし」とする意見もあった。[*46] 加藤友三郎も、「国務大臣の或るものに対し、特殊の階級に非らざれば任ぜらるるを得ざるが如き制度は、時代錯誤の甚しきものなり」と述べている。[47]

これらの文言はいずれも、「軍事の特殊専門意識」を否定するものだった。加藤は政党政治を時代の潮流であると感じており、それに海軍を適合させ、海軍予算の増額を勝ち取る戦略にシフトしていたと考えられる。そして、出張期間は当初数ヵ月と想定され、期間が短かったことも大きい。

ただし、海相事務管理が実現するための第三の条件として、陸軍の同意もしくは暗黙の了解も必要だった。陸軍は文官である原の海相事務管理就任には当初激しく反対したが、原敬内閣の陸相田中義一の周旋もあり、原は海軍で事務管理を実施しても陸軍には波及させないことを約束して、陸軍からの黙認を取り付けた。

こうして加藤友三郎が出張中、原敬が海相事務管理を務めた。ただ、原は加藤の出張中に暗殺され、事務管理はその後継内閣の高橋是清が引き継いだ。

短期間とはいえ、文官でも海相の事務を問題なく処理できた事実は、軍部大臣が必ずしも武官である必要はないことを意味していた。そのため、たとえば、一九二一年一〇月一一日の新聞には、立憲政友会の松田源治の「陸海相任用制限を撤せよ」という発言が掲載されたりもした。[48]

ワシントン会議と加藤友三郎の決心

ワシントン会議中に加藤友三郎は、専門委員として全権団の一員を務めていた加藤寛治の強硬意見に悩まされた。

海軍は会議に臨んで、日本の戦艦保有量として対米七割を目標にしていたが、加藤友三郎はアメリカ・イギリスとの間で、日本の戦艦保有量を対米六割とすることで早々に妥協し、八八艦隊の放棄を決めた。日本は八八艦隊予算によって、歳出の約四割を海軍費につぎこまなければならない異常な状態となっていたからだ。

加藤友三郎

加藤友三郎は八八艦隊がベストな選択とは思っていなかった。アメリカに対抗するために、その整備を主張していただけである。八八艦隊が実現したとしても、アメリカがその国力をいかして海軍力の増強を図れば、日米間の海軍力の差は大きく開く。対米六割に戦艦を制限されるといっても、アメリカもまた戦艦の建造ができなくなれば、対米六割での妥協にもメリットはあった。

しかし、加藤寛治を中心とする海軍の専門員たちは、対米六割での妥協を屈辱とし、日本の国防を維持するためには、対米七割が必要と主張した。彼らは主に軍令部の意見を代弁していた。最終的には、加藤友三郎によって加藤寛治らの意見は封殺され、ワシントン海軍軍縮条約は成立する。ただ、加藤友三郎は純軍事的要求を主張する軍令部に強い危機感を持つこととなった。

加藤友三郎はワシントン会議終了後、「軍令部の処分案は是非共考うべし」と述べている。加藤友三郎は政党内閣の時代を見据えて軍部大臣文官制の導入の必要を認め、次のように述べている。

「文官大臣制度は早晩出現すべし。之に応ずる準備を為し置くべし。英国流に近きものにすべし。之を要するに思い切りて諸官衙を縮小すべし」[*49]。つまり、軍部大臣文官制の準備のため、軍令部の縮小も検討する必要があると考えていた。イギリスでは実際、海軍卿（First Lord of the Admiralty、海相とも訳される）を政党出身の政治家が務め、その下に海軍本部（Admiralty、海軍省とも訳される）が置かれ、軍政と軍令が一元化されていた。

実際、加藤友三郎は帰国後、一九二二年三月一八日に貴族院において、「矢張り専門の知識を有って居る者が海軍大臣たるが便宜である」としつつ、「今日の我国の状態は武官でなくちゃならぬ、海軍大臣は文官には出来ないと云うような極言は為し得ない」と[*50]、「軍事の特殊専門意識」を否定し、軍部大臣文官制の導入の可能性に言及していた。

加藤友三郎による文官制導入論

軍部大臣文官制が海軍で実現するためには、海相事務管理のときと同様、海軍にとって文官大臣とすることにメリットが感じられたうえで、文官でも海相を務められると海軍のなかで認められ、さらに陸軍が同意をする必要があった。

文官大臣とすることによるメリットについては、議会の運用上、海相が文官であるほうが、予算がスムーズに成立するものと考えられていたようである[*51]。政党政治家が海相となって作成した予算は、かなり高い確率で与党内でも認められることになろう。

海軍内での文官でも海相を務めることができるという認識について、軍令部の「軍事の特殊専門意識」は強固だった。しかし、文官大臣を海軍内で検討した文書には、「現在陸海軍大臣は一面軍政長官たると同時に、国家の統帥権に属する軍令承行の任に当れり。之れ陸海軍大臣が武官特有の資格を有するが故に始めて可能の事に属す故に、武官大臣制撤廃せらるることは軍令伝達を明かに軍令部総長の任とすること絶対に必要なり」と書かれている[*52]。

軍部大臣文官制の検討が「軍事の特殊専門意識」をむしろ強めている一方で、長年にわたって権限の整理・拡大を求めていた軍令部は、海相の持つ統帥事項が軍令部長に移管されれば、文官大臣制を容認する可能性もあったと言える。

限定的ながらも可能との文言が海軍内の検討文書内に盛り込まれたのは、やはり加藤友三郎の強いイニシアティブがあったからだろう。海相としての加藤は、軍部大臣文官制の実現を海軍内で強く指導していたのである。

ただし、そこに記された軍令部の強化案は、軍令部の権限縮小をも検討していた加藤友三郎の当初の構想からは後退していた。軍令部の権限を強化した状態で軍部大臣文官制を導入しても、軍令部をコントロールすることは実質的には難しかったであろう。そして、陸軍の同意も得られなかった。そのため、加藤友三郎の軍部大臣文官制導入論も、徐々に後退していく。

加藤友三郎の後退

原敬の暗殺後、首相と政友会総裁を引き継いだ高橋是清は、原ほどはうまく党をまとめることができなかった。高橋内閣は瓦解し、一九二二年六月一二日、海相の加藤友三郎は首相となって内閣を組織した。海相は加藤が兼任した。

加藤友三郎内閣にはシベリア撤兵や普通選挙の準備など、みるべき政策が多数あった。しかし、それは同時に、加藤がきわめて多忙となり、軍部大臣文官制の優先順位が低下していたことも意味する。加藤は首相となってから体調を崩しがちであり、その多忙さから一九二三年五月には専任海相に財部彪（たからべたけし）を就ける。財部は長く海軍次官を務めた経験もあり、行政能力は抜群だったが、「自分の眼の黒い間は文官大臣としない」と軍部大臣文官制には強く反対していた。[*53]

加藤友三郎は八八艦隊を放棄する軍縮を実施した。だが、同時に十分な補充予算を獲得して補助艦を充実させることによって、軍部大臣文官制導入論を表明しても、軍令部との決定的対立は回避できていた。[*54] ただ、それは海相権限を強化したうえで軍部大臣文官制を導入することによる、制度に裏打ちされた政治的安定ではない。あくまでも、加藤の政治・行政手腕によるマン・パワーでの安定に過ぎなかった。

そのため、海相が交代すれば、海軍内で十分な支持を獲得できないでいた軍部大臣文官制が実現する見込みは皆無だった。加藤は首相となってから、海相を兼任していたとはいっても、海軍省にはほとんど登省できず、部下が持参する書類を官邸で決裁するのみだった。[*55] そのような状態では海軍内の意見を指導することは不可能だっただろう。

一九二三年二月二三日、貴族院予算委員会において、以前に議会で軍部大臣文官制の導入を認めていたことを憲政会の江木翼から指摘され、その実現について問われた加藤は、次のように述べ、軍部大臣文官制導入論を後退させざるを得なかった。

> 何人が大臣となって来られるとも、差支ないように組織を変えて来なくちゃならぬと云うので、此点に付ても攻究を致しました。〔中略〕海軍側から申しまするると云うと、若し此現在の官制の上に文官の大臣が来られて、各種の事を実行する上に於て遺憾なく円満に行くと云うのには、どう云う組織が一番良いか、今の儘で長く責任を取ってやられると云うことは、議論は別として実際御困難であろうと思う。〔中略〕斯様な訳でありまするからして、主義の問題にあらずして、実行上に於て円満に行くと云う方法さえ立てば、私は官制を改正して差支ないと思う[*56]

海軍内で加藤が理想とする方向での組織改革案が立案されない状況をほのめかしつつ、主義としては軍部大臣文官制を依然認めていることをかろうじて表明しているに過ぎない。そして、加藤友三郎は一九二三年八月二四日、首相在職のまま病死する。

加藤亡き後の海軍では、加藤が海相として方向性を指導していた頃とは、正反対の意見がまかり通るようになる。たとえば、一九二七年一一月に法制局の「文官軍部大臣が軍令に副署することの当非」という質問に、海軍は「軍令の本質に鑑み其の副署は特に武官たる軍部大臣の立場に於て之を行うものなるを以て文官軍部大臣が之を行うことは適当ならず」と回答していた。[*57] ワシントン会議前に海相事務管理を議論していたときには、差し支えないと考えていた事項である。海軍は、明らかに文官軍部大臣の出現を警戒するようになっていた。

陸軍による軍部大臣文官制の否定

最終的に導入はできなかったが、加藤友三郎の指導のもとで、海軍は軍部大臣文官制の導入の準備を一時は進めた。一方で、陸軍は軍部大臣文官制には強く反対していた。

一九二〇年九月、原敬内閣の蔵相高橋是清が、「内外国策私見」を内閣に提出した。その内容は多岐にわたっていたが、もっとも陸軍を刺激したのが、軍令機関である参謀本部と海軍軍令部の廃止の主張だった。高橋は陸軍が統帥権の独立のもとに外交上の越権行為を繰り返しているとし、「参謀本部の如き独立の機関を以て軍事上の計画を立つるの必要なく、外は列国の誤解を招き、内は他の機関と扞格を来たすとせば、寧ろ之を廃止して陸軍の行政を統一し、外交上の刷新を期するに如かず」と主張していた。[*58]

統帥権の独立を国家機構として体現する参謀本部が廃止されれば、軍部大臣武官専任制さえ維持できなくなる可能性があった。なぜなら、統帥権の独立も軍部大臣武官専任制もともに、軍事に関することは軍人にしか担えないという「軍事の特殊専門思想」に支えられているからだ。

陸軍は参謀本部の廃止には徹底的に反対するつもりだった一方で、万が一参謀本部が廃止され、軍部大臣武官専任制を維持できなくなる場合に備えて、文官大臣対策も立案していた。ただし、それはもし陸相に文官が就任したとしても、軍事に関する実質的な決定権を文官に渡さないための備えだった。*[59]

それは、人事や予算など陸軍省と参謀本部が共同で担う混成事項の権限を参謀本部に移すことはせずに、陸軍次官以下が保持することによって、陸軍省の権限を確保しながら参謀本部を抑制し、軍事の領域の執行権も確保しようとするものだった。この考え方は、加藤友三郎の死後、軍部大臣文官制の導入に否定的となった海軍にも流入することになる。*[60]

専門家集団のコントロール

ここまでみてきた一九二〇年代の軍部大臣文官制の導入をめぐる議論において、やはり注目すべきは海相でありながら軍部大臣文官制の導入を模索した加藤友三郎だろう。

加藤は政党政治への対応から、軍部大臣文官制の必要性を感じるようになるが、その一方で、加藤は海軍を守るために、軍縮や軍部大臣文官制を推進しようとしていた。常に海軍にとってのメリットは何かを意識した海相としての加藤の軸足は、あくまで海軍に置かれていた。専門家集団のコントロールには大所高所から政治の施策を理解しつつ、それを自組織の利益とすり合わせながら現実的な着地点へと落とし込んでいく人材が不可欠であると言えよう。

近代日本では高度な教育を受けた優秀な人材は官僚・軍人となることが多く、一九一〇年代から二〇年代にかけて政党政治の時代を支えた人材も、その多くが官僚出身だった。職業政治家は常に人材不足であり、それゆえに、優秀な人材は軍人だろうが取り立てられることになる。加藤友三郎も軍人離れしたとも言える広い視野が期待され、短期間ながらに首相として見るべき成果を多数遺（のこ）した。

しかし、海軍を離れてしまうと、海軍外部からは海軍の組織利益と国家的判断をすり合わせることができなくなってしまう。加藤が首相となったことが、実質的には軍部大臣文官制の機会が喪失した最大の理由でもあった。

加藤は明らかに、政治に対して軍事を従属させる意識を持っていた。イギリス流の制度の導入に言及していたことがその表れであり、軍令部の改革と軍部大臣文官制によってそれを実現しようとしていたが、首相就任と病死によって果たせなかった。その結果、軍部大臣文官制の導入をめぐる議論によって、陸海軍内では軍人の専門技能や知識の特殊性、軍人のアイデンティティといった「軍事の特殊専門意識」が再認識されてしまった。

軍事を政治に従属させる機会が存在していたが、その機会を逃したことによって、日本は分立的な統治構造のもとで、各専門家集団の専門性をお互いが尊重するようになり、軍部の主張を誰も止められなくなっていく。

ただし、一九三〇年代以降の軍部の政治的台頭は、軍部の持つ野心以上に、元老や政党といった統合力を発揮する主体が不在であったことのほうが、原因としては大きい。次章では、その点についてみていく。

美濃部達吉の軍部批判

その前に、本章で扱ってきた時期における主要な軍部批判についても確認しておきたい。

まずは憲法学者の美濃部達吉である。第1章でも紹介したように、美濃部は慣習的規範を容認することから、統帥権の独立も許容しており、統帥権の独立そのものを批判するのではなく、統帥権の範囲を明確化することで、軍部の意向に政府が過度に拘束されないことを目指していた。

美濃部は「国務大臣が唯一の責任者たることと、輔弼の機関が他に存することとは絶対に相両立し得ざるものに非ず」と、国務大臣の他に、たとえば参謀本部などの軍令機関が天皇を補佐することは認めていた。だが、「天皇の国務上の大権を輔弼するの機関としては、憲法には唯国務大臣を挙ぐるのみ」と、国務大臣を天皇の唯一の輔弼者と定めていた。そのため、軍令機関が天皇にどのような助言をしたとしても、「国務大臣以外に如何なる機関が設けられたりとするも、其の進言は唯参考に資せらるるに止まり、之を採納すると否とは一に国務大臣の輔弼に待たざるべからず」と、国務大臣の輔弼者としての絶対的な地位を認めたが故に、その権能を最大限広く設定することができたのである。[*61]

また、美濃部は「内閣は必ずその全体が連帯責任を負う者でなければならぬ〔中略〕少くとも閣議で決した事柄に付いては、政治上に連帯責任を負わねばならぬ」と[*62]、内閣の統一性の必要に言及している。一方で、それを現実に阻害してきた軍部大臣武官専任制については制度の解説のみで、その適否のコメントを付さなかった。

ただし、美濃部のこれらの主張は、次章でみるロンドン海軍軍縮問題時に変化をする。

吉野作造の軍部批判

東京帝国大学法学部で政治史を講じていた吉野作造は、一九二二年二月に『東京朝日新聞』に「所謂帷幄上奏に就いて」を五回にわたって連載し、軍部批判を展開した[*63]。

慣習的規範を容認する美濃部とは違い、吉野作造は統帥権の独立を否定していた。吉野は「国君の一切の活動が大臣の輔弼に由る限り、国君と人民との政治的関係が完全に協合し得る」と、国権の発動がすべて民意に基づかなければならないという憲政の理論から出発し、国務大臣（及びその集合体である内閣）以外に天皇を補弼する機関を認めず、大臣の輔弼によらずに軍務を含んだ国務が処理されている現状を問題視した。

そのうえで、吉野は帷幄上奏だけでなく、軍部大臣武官専任制の廃止や、参謀本部・海軍軍令部の改革、統帥権の独立を支えていたあらゆる制度を改めるべきだと主張し、首相による閣僚選択の完全な自由の必要も訴えた。

では、吉野は何を根拠としてそれらを主張していたのだろうか。吉野は帷幄上奏の廃止について、

「時勢も進んだ。憲政運用に関する国民の智見も今や大に進んで来た。国家の大事だから、人民の耳目の外におく必要があると云ふ風の論拠から、帷幄上奏の不可欠の所以を無理に押し付けらるる程、今日の国民は馬鹿ではない」と、国民の成長を指摘している。

また、「防務は政務とは別個の仕事だと云ふ様な愚論の少しでも横行する以上は、本件の問題はまだまだ政治家のみに委しては置けない」とし、「軍事の特殊専門意識」の改革を主張していることが注目される。

ただ、この点については、次のように、今後の課題であるとはしていた。「防務政務対立論の如きは、専門の憲法学者と称する者の間にさえ唱えられて居るし、そんな原則は世界の何処にもないと詰れば、世界は世界、日本は日本だなどと、憲法論の究明にまで我から孤立的特殊区域を作らんとする者が少からずあるのだから、この方面の改革については、まだまだ一種の思想的啓蒙運動が先決の急務であると我々は考えて居る」。

それでも、軍部大臣武官専任制の廃止について、ワシントン会議時に首相の原敬が海軍省事務管理を務めた事例を挙げ、軍部大臣文官任用制の第一歩をすでに踏み出していることを指摘し、「軍事の特殊専門意識」が成り立たないことを主張した。

吉野はあるべき憲政の理想像から出発することで、美濃部すらも否定することができなかった統帥権の独立を否定し、改革の肝が「軍事の特殊専門意識」であることを見出していた。「軍事の特殊専門意識」改革の必要を訴えたのは吉野だけではない[*64]。だが、吉野のそれは他のものと比べてかなり早い時期に出されていた。

政党による軍部批判

最後に政党による軍部批判についてみておきたい。

一九二七年七月一四日、政友会政務調査会が「地方分権に関する件・官吏制度に関する件」を行政制度審議会第四回幹事会に提出した。そこでは軍部大臣武官専任制の改革の必要性を訴えているが、陸海軍大臣の職務のなかに統帥事項が含まれているがゆえに武官でないと軍部大臣を務められないという主張に対して、次のように述べている。

> 統帥の範囲は国軍の運用及之(これ)に関聯(かんれん)せる事項にして、一般軍政との間には截然(せつぜん)たる区別を存し、統帥の実行に関与する場合に於(おい)ても、陸海軍大臣は単なる軍政長官たるに過ぎず。武官たらざれば統帥に関する理解なく、随(したがっ)て軍政処理の重任を完(まっと)うし得ずと云(い)うべからず。往年原内閣に於て内閣総理大臣は内閣官制第九条の規定に依(よ)り、文官たるに拘(かかわ)らず海軍大臣の事務管理を為(な)し、何等(なんら)実際上の渋滞なかりしを以(もっ)て、陸海軍大臣の文官制は事実試験済に属し、永久常時の制度として採用するも何等支障なし[*65]

ここで、統帥権の範囲に言及し、「一般軍政」を文官が担当できると主張しているが、統帥権の独立の問題にまでは踏み込めていない。統帥権の範囲を議論する限り、政治の領域を拡大することはできても、統帥権の独立そのものは否定することはできなかった。

ましてや、管掌範囲を議論して政治の領域を拡大することができるのも、政党が政治的影響力を保持できている場合だけだ。

一九三一年四月二一日の立憲民政党総務会で幹事長山道襄一（やまじじょういち）の提案で国政改革調査会の設置が決定され、その改革の要領として、以下のことが決議される。「軍部組織を合理化し参謀本部、教育総監部、海軍軍令部を廃止すること」、「陸、海軍大臣を文官制とし、いあく上奏を廃止すること」、「陸、海軍両省を合して国防省もしくは軍部省と」すること。[66]第二次若槻礼次郎（わかつきれいじろう）内閣下、政権政党の民政党の意欲は大きく、参謀本部・海軍軍令部の廃止を明言し、統帥権の独立に切り込もうとしている。だが、その年の九月に始まる満洲事変により、民政党が政権を失うと、それは絵に描いた餅となった。

一九三〇年代、対外危機が高まるなか、軍部の政治的発言力は強くなり、相対的に政党の発言力が弱まっていく。軍部大臣文官制の議論は浜口雄幸（はまぐちおさち）・第二次若槻礼次郎の両民政党内閣期にピークを迎え、その後は低調となる。[67]こうしたなかで、統帥権の独立は新たな局面を迎えることになる。

第3章　軍部の政治的台頭——一九三〇年代

1　統帥権干犯問題——国防可否判断をめぐる海軍の反発

補助艦制限問題と財部彪の思惑

日本史上、統帥権の独立という歴史用語とは別に、「統帥権」を名称に含んだ有名な事件がある。一九三〇年のロンドン海軍軍縮会議に端を発した統帥権干犯問題である。ここでは、その統帥権干犯問題がどのような事件であり、それが歴史的にいかなる影響を与えたのかをみていく。

一九二二年、ワシントン会議で成立したワシントン海軍軍縮条約は、主に主力艦（戦艦）を制限していた。そのため、会議後、巡洋艦以下の補助艦と呼ばれる艦種の制限が議論される。

一九二七年にその補助艦の制限を話し合うため、日英米によるジュネーブ海軍軍縮会議が開かれた。日本は全権として斎藤実らを派遣した。だが、この会議では、ワシントン会議同様に比率での制限を補助艦にも適用しようとするアメリカと、保有隻数での制限を導入しようとするイギリスとの間の意見の溝が埋まらず、会議は目立った成果を挙げられなかった。

そのため、一九二九年に英米間で補助艦の制限についての予備協議が行われた。そうした準備に基づいて、一九三〇年一月から四月にかけてロンドン海軍軍縮会議が開催される。

当時、浜口雄幸内閣の海相を務めていたのは財部彪だった。軍部大臣文官制に強硬に反対していた財部だったが、最終的

財部 彪

に彼は全権の一人としてロンドンに出張し、その留守中は浜口が海相事務管理を務めることになる。

これについて、財部からワシントン会議の時を前例として浜口に海相事務管理を任せることに決めたと、陸相の宇垣一成は告げられる。財部同様に軍部大臣文官制に反対だった宇垣が、「当時は海軍では文官大臣可なりとの方針なり〔し〕が、現在君は之を否とするの急先鋒なり、而かも文官を之に充つるは矛盾ならずや」と指摘すると、財部は答えに窮したそうである。[*1]

そもそも、なぜ財部は軍部大臣文官制に反対していたのだろうか。財部は海相を務めていた際、十分な海軍予算を確保することで、海軍内での求心力を保っていた。[*2] 財部が軍部大臣文官制に反対だったのは、海軍の独立性を保つほうが予算の獲得に有利だったからでもある。

財部はロンドン海軍軍縮会議への全権に、最初は外相の幣原喜重郎を推し、自身の出張には反対した。ジュネーブ海軍軍縮会議は英米対立によって決裂したが、ロンドン海軍軍縮会議では英米

は予備交渉で大筋の合意に達していた。そのため、もし海軍軍人が首席全権として強硬な意見を押し通そうとして会議を決裂させてしまえば、その責任はすべて海軍が負うことになると考えたからだった。

結局、財部が全権として出張しなければならなくなると、財部は首席全権へ文官を就けることにこだわる。若槻礼次郎が首席全権に決まると、財部は若槻に、「日本の主張を通すためには、即ち七割の要求を貫徹させるためには、軍人である私だけでは専門家一部のみの意見と見られていけないから、政治家である貴君に私の言いたいことを言ってもらいたい」と述べている。[*3] つまり、海軍の主張に大局的観点からの政治的判断という属性を付与して、その主張を貫徹しようとしていた。

こうして見ると、財部が軍部大臣文官制を否定していたのは、海軍の意見を強く主張し、海軍内部の統制を保つためだったと言える。そのため、海軍の主張を貫徹し、海軍内における立場と海軍内部の安定を得るためであれば、財部は文官への従属も厭わなかった。

ロンドン海軍軍縮会議での妥協と海軍の反対意見

ロンドン海軍軍縮会議における日本側の要求は三大要求と言われ、①補助艦総括対米七割、②大型巡洋艦対米七割、③潜水艦保有量七万八〇〇〇トンというものだった。

それに従い、財部彪はロンドン海軍軍縮会議期間中、補助艦総括対米七割を強硬に主張する。しかし、会議終盤の一九三〇年三月、日本側全権の駐英大使松平恒雄とアメリカ側全権の共和党上院議員デビッド・A・リードとの間で会議の決裂を回避するために松平・リード案が作成される。その内容は①補助艦総括対米六割九分七厘五毛、②大型巡洋艦対米六割二分、③潜水艦保有量五万二七〇〇トンと、海軍の意見とはかなり隔たりがあった。首席全権である若槻礼次郎はこの松平・リード案を基礎に妥協してよいかどうか、東京に請訓する。

加藤寛治

請訓を受けた浜口雄幸内閣は、松平・リード案を基礎として妥協を目指し、海軍軍令部を中心に強硬論を唱える海軍との調整を、軍事参議官の岡田啓介(けいすけ)に依頼した。

海軍内部で特に強硬な意見を主張していたのは、軍令部長加藤寛治、軍令部次長末次信正(すえつぐのぶまさ)、元帥東郷平八郎、伏見宮博恭(ふしみのみやひろやす)らである。三月一九日に、加藤は浜口へ、「米案を受諾することは国防用兵計画の責任者として絶対に不同意なる旨」通告した。[*4]

ただし、そうした加藤らの反対意見は、国防に関する自己の判断は譲らないものの、最終的に政府決定は尊重することを前提としていた。伏見宮は岡田に対して、「海軍の主張が達成せらるることは甚だ望ましきも、首相が凡(すべ)ての方面より帝国の前途に有利なりと云(い)う考にて裁断したとすれば、之(こ)れに従う外(ほか)あるまい」と述べている。[*5] 彼らは、政治と軍事の領域を分けて考え、軍事の領域の専門家としての判断は譲らないが、政治の領域の判断も尊重するつもりでいた。

海軍は国防に支障をきたすと判断している条約を、政府が政治判断で結ぶのであれば、不足する軍備を政府が責任をもって補うべきと主張することになる。そのため、海軍の関心は不安となる国防をいかに補うか、つまりは、政府にどのような補充を約束させるかだった。

岡田は外相の幣原喜重郎に「飛行機其他制限外艦艇にて国防の不足を補う事とすれば、最後には或は止を得ざるべし」と述べている。[*6] また、加藤も首相の浜口雄幸に「国防用兵作戦計画の責任者として之を受諾することは不可能にして、他に何等か確固たる安全保障条件にても無き限り、我主張を譲ることを得」ずと、[*7] 暗に補充を要求している。

加藤はたしかに四月二日に昭和天皇へ、政府方針への不同意を伝えている。ただし、立ち合った侍従武官長の奈良武次はその上奏の趣旨を、「米国提案に同意するときは大正十二年〔一九二三年〕御策定の国防に要する兵力及国防方針の変更を要すと云うに過ぎざる」ものと捉えていた。[*8] つまり、国防の担当者としての判断を譲るつもりはない一方で、政府決定に介入するつもりもなく、もし政府が条約を締結するのであれば、国防方針を変更しなければならないという担当者としての見通しを伝えていたのだ。

四月二一日、軍令部は海軍省に、「海軍軍令部は倫敦海軍条約案中補助艦に関する帝国の保有量が帝国の国防上最小所要海軍兵力として其の内容充分ならざるものあるを以て本条約案に同意することを得ず」とする覚書を回付している。しかし、これは単にのちの補充予算の確保を見据えて、軍令部の兵力量に対する不満のみを表明しておこうというもので、事実、加藤はこの覚書を浜口に示すことには反対している。[*9]

四月一日には陸軍内で「外務省が国防兵力に容喙するは適当ならず、宜しく軍部の意見を尊重すべき」と主張することが決まった。しかし、軍令部第一班長の加藤隆義は「今回の問題は海軍限りの問題」と述べるだけだった。[*10] 陸軍との協同歩調をとることに、海軍はその時点では慎重だった。

政府の思惑を超えた美濃部の主張

東京帝国大学法学部教授の美濃部達吉は、四月二一日の『帝国大学新聞』に「海軍条約成立と帷幄上奏」を寄稿した。さらに、五月二日、三日、五日の『東京朝日新聞』に「海軍条約の成立と統帥権の限界」を寄稿する。

美濃部はここで、海軍軍令部の意見を「国家に対しては唯一の参考案たるに止まる」と位置付けた。そのうえで、次のように述べている。「仮令それが帷幄上奏によって御裁可を得たとしても、簡単に軍部限りの設計として計画案として決定せられたに止まり、決して国家の意思として決定せられたのではな」い。「これを国家の意思として如何なる限度にまで採用するべきかは尚外交、財政、その他一般の国政上の見地から検察せられねばならぬものであり、しかしてそれは一に内閣の職責に属する」。

美濃部は、大元帥としての天皇の上位に、統治権の総攬者としての天皇の概念を置くことにより、軍部の決定がすべてではないということを述べていた。

そして、さらに次のように述べる。「軍の編制（国防）を定むることについての輔弼の権能は、専ら内閣に属するもので、軍令部に属するものでないことはもちろん、又内閣と軍令部との共同の任務に属するのでもない」[*11]。このように、美濃部は編制権を内閣と軍部の共同輔弼事項とすることも完全に否定していた。

浜口内閣はたしかに美濃部の意見を憲法解釈の理論的根拠としていた。だが、同時に、議会では軍部に与える影響を考慮し、「斟酌」という語句を用いて、政府の一方的決定ではないことを強調するつもりだった[*12]。そうした政府の思惑を超えた美濃部の主張は、陸軍、特に参謀本部を著しく刺激する[*13]。

幣原喜重郎発言による紛糾

同時期、議会でも政府への批判が巻き起こっていた。四月二五日の衆議院本会議において、立憲政友会の鳩山一郎が、「政府が軍令部長の意見を無視し、否軍令部長の意見に反して国防計画を決定したと云う、其政治上の責任に付て疑を質したい」と浜口内閣の責任を追及しようとした。鳩山は、「其統帥権の作用に付て直接の機関が茲に在るに拘らず、其意見を蹂躙して、輔弼の責任の無い――輔弼の機関でないものが飛出して来て、之を変更したと云うことは、全く乱暴である」と政府を批判した[*14]。

鳩山の発言は、浜口内閣倒閣のために兵力量の決定権の問題を国防計画の立案の問題にすり替え、軍部の管掌範囲の拡大をも推し進めることになる、政党政治家としての自滅行為とでもいうべきものだった。

こうして第五八議会では、統帥権干犯問題が政治問題化した。美濃部の説に刺激された陸軍も政府批判を後押しした。だが、海軍は鳩山の統帥権干犯論に賛同したわけではない。海軍が問題視したのは、鳩山が衆議院で統帥権干犯問題を持ち出したのと同日における、外相の幣原喜重郎の発言だった。

幣原喜重郎

貴族院本会議で、海軍が不満とするロンドン海軍軍縮条約を結ぶことへの所見を問われた幣原は、「少くとも其協定期間内に於きましては、国防の安固は十分に保障せられて居るものと信じます」と答弁した。[*15]

これは、国防の可否の判断という軍令部の領域に踏み込んだ発言である。加藤寛治以下の軍令部は、不満がありながらも政府決定には従うが、国防への自らの判断については変更していなかった。それにもかかわらず、幣原は安易に国防の見通しを述べただけでなく、軍令部とは正反対の判断を示したのだ。

海軍では、加藤寛治が「幣原外交演説に暴論を吐き」と、[*16]伏見宮博恭が「幣原の議会に於ける演説は以ての外なり」とそれぞれ発言し、[*17]不快感を露わにした。

彼らにとって、国防の可否は海軍（軍令部）だけが判断できることだった。そのため、政府にその見通しを否定されることは看過できなかったのだ。また、条約兵力量でも国防に不安がないとの論理では、政府から十分な補充を得られないおそれもあった。

共同輔弼慣行の確認

このように、軍令部を刺激したのは統帥権干犯問題ではなく、幣原演説だった。それは、兵力量は誰が決定するのかとともに、国防の可否は誰が判断できるのかという問題を浮上させた。

兵力量の決定については、美濃部は内閣が一方的に決められると述べていたが、それは理想論だった。第1章でも述べたように、陸海軍は編制事項の一部に統帥事項が含まれていると考えていた。実際、海軍省と軍令部との間で、予算編成の際には常に意見のすり合わせが行われてもいた。[*18] そうしたすり合わせのなかで、軍備への軍令部の意見が一定程度反映されることで、軍備に関する多少の不満があっても、軍令部は政府決定を尊重できていた。

そのような慣行として成立していた以上、まず軍令部がとるべき行動は、兵力量の決定が軍政機関と軍令機関の両方で処理する共同輔弼事項であると、海軍省に確認することだった。

財部彪がロンドンから帰国すると、すぐさま海軍省と軍令部で協議の場が持たれた。五月二八日に財部と軍令部長の加藤寛治との間で、「第十二条が軍務大臣と軍令部長の協同輔翼(ほよく)事項たる事」を確認した。[*19]

その後も多少の紛糾はあったが、兵力量は誰が決めるかの問題は、海軍内の問題として五月末から六月上旬には一応の決着をみていた。[20] 最終的に、六月二三日の軍事参議官会議で、「海軍兵力に関する事項は従来の慣行によりこれを処理すべく、この場合に於ては海軍大臣海軍軍令部長間に意見一致しあるべきものとす」と決定される。[21]

軍事参議院の奉答文をめぐる論点

一方、七月末まで議論が長引いたのは、もう一つの論点である国防の可否は誰が判断できるのかという問題だった。これは政府と軍部との間の問題である。

軍令部は、ロンドン海軍軍縮条約の兵力量だけでは国防を全うすることはできないという自らの判断の変更を断固として拒否していた。自分たちの専門性が尊重されないことは、彼らにとって看過できなかったし、幣原の主張を認めれば、補充予算を獲得できない可能性もあった。

軍令部長は六月上旬に加藤寛治から谷口尚真に交替した。その谷口に、強硬派の一人だった伏見宮博恭は、「不満足なれども政府にして補充を為せば略国防を完うす」できると述べている。[22] それは四月上旬までの意見と変わらず、軍令部としては条約兵力量で国防に責任は持てないという判断を堅持する一方で、条約外兵力の十分な補充を要求するものだった。

しかし、海相の財部彪を含めた政府は、外相幣原の議会答弁と矛盾するため、軍令部の主張をそのままでは受け入れにくくなっていた。七月二一日の非公式軍事参議官会議で、伏見宮が「ロンドン会議で決められた兵力量において用兵作戦上欠陥ありとせば、これが補充を政府をして為さしむる決心ありや」と「用兵作戦上欠陥あり」を前提として補充を要求したのに対し、財部は何も答えられていない。[*23]

結局、浜口内閣は、財部の「潔癖に欠陥の字を避るの得策ならざるべき」という説得を受け入れる。[*24] 財部が軍事参議官会議が作成する奉答文に「既定方針に基く海軍作戦計画の維持遂行に兵力の欠陥を生ず」と記入されることを認めると、[*25] 東郷平八郎は「それで良かった。国防に欠陥ありと来れば後はどうにでもなる。大臣と軍令部長が真底から責任を以て欠陥の補塡を行えば宜しい」と即座に軟化した。[*26] 一連の議論の争点が、軍令部の主張を容認するのかどうかだったことの証左である。

軍部批判者たちの変化

ここで、前章の最後に紹介した、一九二〇年代において軍部批判を展開した美濃部達吉や吉野作造の、ロンドン海軍軍縮会議時の意見についても紹介しておきたい。

美濃部の主張は先述したが、美濃部はロンドン海軍軍縮問題後の一九三二年に主著である『憲法撮要』の第五版を刊行した。『憲法撮要』は第四版まで、関係法規の改正に伴って細かな修正をしながら刊行されていた。しかし、第五版は章構成まで変更したまったくの別書と言える内容である。

美濃部はそこで、慣習的規範を容認する立場から統帥権の独立を認めることは従来通りだった。だが、「軍の編制を定むるに付ても、軍自身の意向は其の最も有力なる参考の資料たらざるべからず」と、[*27] ロンドン海軍軍縮問題時と同様の主張を書き加えている。そして、軍部大臣武官専任制については、第四版までは何らコメントを付していなかったが、第五版では、「之が為に議院内閣制に於て議会とは何等の関係なき武官大臣を交うるの必要を生じ、内閣の統一を阻害するの虞あるを免れず」と、[*28]明確に否定する文章を挿入していた。

美濃部はロンドン海軍軍縮問題を契機として軍部批判を行うなかで、政軍関係論をより精緻で強固なものにしていた。しかし、ロンドン海軍軍縮問題時の浜口雄幸内閣ですらも、軍部の反発をおそれて、美濃部の理論に全面的に依拠するのは避けていた。この段階から、美濃部の理論は現実政治に対して訴求力を急速に失っていく。

他方で、吉野作造はロンドン海軍軍縮問題が紛糾しているなか、「統帥権問題の正体」とする論文を発表した。その内容は、一九二〇年代の統帥権の独立を否定しようとした論稿とは大きく異なり、美濃部の新たな主張を批判していた。

吉野の美濃部批判は、「軍務施行の今日の実際に即して考うるときは、統帥権の作用を以て全く国家意思の決定に関係なしと断ずるは早過ぎるようである」と、編制権を内閣の専管事項と断ずることを性急と考えたからだった。そして、吉野は「若しこの問題が議会閉会後にも引続きまじめに論議されて行くなら、漸次洗練された結果、軍部の立場は結局右の共同輔弼説に落ち着くであろう」と記す。[*29]つまり、軍部の強硬な反対を考慮して、編制権が内閣と軍部の共同輔弼事項であることを認めていた。

それは、選挙に基礎づけられない機関が国家意思の決定過程に介入することを厳しく批判した一九二〇年代の吉野の主張からすると、明らかな後退だった。現実の政治過程を根拠としながら実現可能性を模索する吉野だからこそ、軍部の政治的台頭の前に主張を後退させざるを得なかったのだ。
一九二〇年代における軍部批判の潮流は、ロンドン海軍軍縮問題以降、確実に変わり始めていた。

歴史的影響

ロンドン海軍軍縮問題における海軍内での紛糾についてあらためて確認しよう。論点は二つに分けて考えられる。

一つは、兵力量の決定権者をめぐるものだ。この論点は統帥権干犯問題として政治問題化したが、本来、海軍内の手続きをめぐる問題である。そのため、海軍内で五月末から六月上旬に、慣行に従って共同輔弼事項（混成事項）とすることで決着した。

ロンドン海軍軍縮問題以前、美濃部達吉は編制権に「内部的編制」と「外部的編制」の区別を導入し、編制権に内閣が関与できる議論を構築していた。それが、ロンドン海軍軍縮会議をめぐる混乱のなかで、美濃部は編制権を内閣の専管事項であると主張した。ところが、結局そうして盛り上がった議論は、むしろ編制権への軍令機関の関与を公に認めることに行き着いてしまった。

もう一つの論点は、国防の可否は誰が判断するのかだった。軍令部は政府の決定を尊重するとしつつ、専門家としての国防の可否の判断は、政府がいかに大局的な判断を主張しても譲らなかった。政府が軍令部の主張をほぼ認めることは、「軍事の特殊専門意識」の強化を意味している。

こうして、ロンドン海軍軍縮会議を契機に、軍の管掌範囲が徐々に拡大し、「軍事の特殊専門意識」がさらに強化された。

「軍事の特殊専門意識」が史料に現れるのは、主に軍部の権限や主張、地位といったものが脅かされるときである。このロンドン海軍軍縮問題を契機に、政治と軍事との関係性は大きな変化をみせることになる。

政党が政治的な影響力を強め、軍部が劣勢になる場合が多かった一九一〇～二〇年代とは違い、ロンドン海軍軍縮会議後、軍部（特に軍令機関）が影響力を発揮できる領域が拡大する。そうなると、もはや軍部は自らの専門性をことさらに主張する必要もなくなり、政府も軍部の主張を抑制することが難しくなる。ロンドン海軍軍縮会議は、政治と軍事の立場が対等であるという認識が形成される契機だったと言える。

ただ、その管掌範囲の拡大は、ロンドン海軍軍縮会議以外にも数多くの要因によって起きている。それを次節以降でみていきたい。

2　満洲事変の混迷――軍内部の統制欠如

軍内部の統制欠如

一九三一年九月一八日、柳条湖事件が起こった。関東軍が南満洲鉄道株式会社の線路を爆破し、それを中国軍の行動と主張して満洲全土に出動する。自作自演の軍事行動であり、いわゆる満洲事変の始まりである。

当初、第二次若槻礼次郎内閣は不拡大方針をとった。しかし、九月二一日に朝鮮軍の独断越境が起こる。関東軍と朝鮮軍との間には、関東軍が出動した場合に朝鮮軍が増援する密約が事変前に結ばれていた。東京の参謀本部は閣議決定を経ての増援を企図して牽制したが、朝鮮軍の司令官林（はやし）銑十郎（せんじゅうろう）は独断で混成一個旅団などを越境派兵させる。そして、首相の若槻が決定的措置をとらずに出兵を追認し、出兵予算も閣議で承諾された。

一〇月八日、張学良が拠点としていた錦州を関東軍が独断で爆撃した。直前に日本政府が不拡大方針を対外的に声明していたが、それとは明らかに矛盾する軍事行動だった。日本の対外的な信用はここに失墜することになる。

それらはすべて、中央の統制を現地軍や中堅層が逸脱して引き起こしたものだった。満洲事変以降、陸軍は大陸において独断専行の軍事行動や謀略工作を展開していく。それらは、統帥権の独立（「国務」と「統帥」の分離）の問題として考えられがちである。たしかに、満洲での独断専行の軍事行動や謀略工作について現地軍や中堅層らは、自己の管掌範囲と認識していた。統帥権の独立という仕組みがあったからこそ可能だったことは間違いない。だが、独断専行の軍事行動や謀略工作を引き起こした集団は、眼前の課題に対処しようとしていたのであり、統帥権の独立そのものが直接の原因や動機ではなかった。

また、当時、そうした独断専行の軍事行動や謀略工作は、統帥権の独立を背景として行われたとは認識されていない。軍内部の統制の欠如の問題と考えられていた。統帥権の独立と軍内部の統制欠如という二つの問題は、無関係ではないが、基本的には異なる。

軍内部の統制が欠如していると、軍中央が中堅層や現地軍をコントロールすることができず、各所で独断専行の武力行使や謀略工作が展開される。それを政府が抑止しようとするときに、統帥権の独立がそれを阻む。そこで、初めて「国務」と「統帥」が分離していることの弊害が問題となる。

政治主体たちの統制欠如への不満

たとえば、やや時期が後のことになるが、一九三五年以降に問題となった華北分離工作についてみてみたい。華北分離工作は、中国北部の五省（河北省・察哈爾省・綏遠省・山西省・山東省）での陸軍の政治工作である。一九三五年六月に梅津・何応欽協定により、河北省における国民政府勢力が排除され、土肥原・秦徳純協定によって察哈爾省での関東軍の勢力が拡大した。そして、一一月二五日に奉天特務機関長土肥原賢二が親日政治家の殷汝耕に自治宣言を発表させ、冀東防共自治委員会が成立する。

この現地軍による一連の謀略工作に対して、外務次官の重光葵は、元老西園寺公望の私設秘書である原田熊雄に、「陸軍は北支で非常な失敗をした」と断じつつ、次のように語っている。

陸軍部内でも、たとえば荒木〔貞夫〕、真崎〔甚三郎〕両大将の如きは、今度の北支のやり方を非常に冷笑している。これは南〔次郎〕関東軍司令官に対する感情で、「結局南大将の失敗である。寧ろかくの如く北支に不必要な重点を置いて、対露関係を閑却し、ロシアから侮蔑されるような状態にあることは実に遺憾である」というようなことをしきりに言っている。とにかく対外問題について、軍部内の対立関係でかれこれ言われることは、実に困ったもんだ[*30]

このように、大陸で展開される陸軍の謀略工作を抑制するうえでは、統帥権の独立よりも、軍内部の統制の欠如や派閥対立の存在が問題視されていた。

一九三〇年代前半、軍部の統制が政治課題になっていく。その課題には「国務」と「統帥」の分離の克服とは別に、軍内部の統制の欠如への対処も含まれるようになり、軍部の統制という課題は曖昧化・複層化していった。すると、軍部を統制しなければならないと考えたとき、「国務」と「統帥」の分離の克服による軍事の政治への従属と、軍内部の秩序の是正による軍の無軌道な行動の抑止という二つのまったく異なる意味合いが、それぞれ時と場合、そして人によって、想起されるのである。

現地軍が独断専行の謀略工作を行ったのは、彼らがそれを統帥事項と考えていたからだ。だが、当時の政治主体の関心は統帥権の独立の克服ではなく、軍内部の統制回復にあった。

話を満洲事変に戻す。満洲事変が起きる少し前から、軍内部の統制は問題視されていた。

一九三一年八月一九日、内大臣の牧野伸顕と元老の西園寺公望との間で、軍紀の維持について話し合われている。[*31] また、九月一〇日、昭和天皇は海相の安保清種に「近頃青年将校団結等の噂あり、軍紀の維持確実なりや」と、翌日には陸相の南次郎に「陸軍の軍紀問題並に陸軍が首唱となり国策を引摺るが如き傾向なきや」とそれぞれ下問していた。[*32] 満洲事変はその矢先に起きたものであり、政界全体で軍の統制が問題視されていく。

満洲事変をきっかけに第二次若槻礼次郎内閣が瓦解し、犬養毅内閣となった。だが、犬養毅は翌年には五・一五事件で海軍青年将校に暗殺される。海軍青年将校が事件を起こした動機が社会不安・政情不安への不満であったため、対応を誤ればさらなる軍の暴発を引き起こしかねなかった。元老西園寺公望は、きわめて異例のことながら、陸軍の上原勇作、海軍の東郷平八郎という二人の元帥からも意見を聴取し、「憲政の常道」慣行を一時的に停止し、海軍出身の斎藤実を後継首相に推薦する。軍部の統制という課題が、政局にまで影響を及ぼすようになっていた。

皇道派の跋扈

当時、軍内部の統制欠如の要因として、陸軍内部における派閥が問題視されていた。

一九二〇年代、政党勢力（特に民政党）を背景に、宇垣一成を中心としたグループが、明治期から長年陸軍内で勢力を保っていた長州閥を駆逐し、参謀本部に対する陸軍省の優位を維持していた。だが、政党の影響力下にあるとみられた宇垣は、陸軍内部で批判されていく。

そして、満洲事変を契機に、事変の推進者だった中堅幕僚将校とそれまでの非主流派だった荒木貞夫・真崎甚三郎が中枢ポストを掌握していく。宇垣の直系である南次郎は陸相を追われ、犬養毅内閣では陸相に荒木貞夫が就任した。荒木や真崎は、一九二〇年代において、中堅層から陸軍改革の中心となることを期待されていた。

こうして陸軍内の主導権を握った集団は「原初皇道派」とも呼ばれ、[33] 彼らは宇垣閥の影響力を排除していく。その後、天皇親政や財閥排斥などを主張していく皇道派と、軍内の規律を尊重し、陸大出身のエリートが主体である統制派に分化し、両者は激しく対立する。統制派の中心だった陸軍省軍務局長の永田鉄山が、一九三五年八月一二日に皇道派将校の相沢三郎によって軍務局長室で斬殺されたことはよく知られる。

統帥権の独立を重視する荒木貞夫は陸相に就任後、それまでの陸軍内の慣行に反して軍政優位を否定する。さらに、荒木が行った露骨な皇道派重視の人事により、陸軍省の要職には軍政経験がほぼない軍人が多数就いた。こうして陸軍における陸軍省優位体制は崩壊する。

荒木貞夫

一九三一年一二月、参謀総長に皇族の閑院宮載仁が就き、その権威が高められた。責任をとりにくい皇族を責任ある地位に就けることは、日露戦争以降は避けられていたのだが、当時は危機を皇族の権威に依存して克服しようとする風潮があった。[*34] 統帥機関の権威を高めて統帥から政治的影響を排除しようという荒木の意図は明白であり、さらには参謀次長に真崎甚三郎が就任する。

荒木は統帥権の独立を重視する立場から、現地軍の独断専行の軍事行動を支持していった。その結果、それまでの規範や慣行の軽視される風潮が陸軍内で強まり、統帥機関の独断専行が横行していく。[*35] こうして、陸軍では陸軍省優位体制が破壊され、陸軍内部の統制が困難となっていく。

平沼騏一郎内閣運動

当時の政界において、語義が曖昧でありながらも重要な課題と認識されていた軍部の統制について、自身を「軍人を統御し得る唯一の文官政治家」としてアピールし、首相を目指したのが、平沼(ひらぬま)騏一郎(きいちろう)である。[*36] 平沼は国家主義団体である国本社の会長であり、この時期、枢密院副議長を務めていた。平沼が首相に就くのは一九三九年のことであり、一九三〇年代前半当時、平沼内閣運動は失敗するが、ここでは平沼がどのように軍部を統制しようと考えていたかをみていきたい。

平沼による軍部の統制とは、「国務」と「統帥」の分離を克服して軍事を政治に従属させるものではなく、徹底して人的側面を重視したものだった。つまり、人的配置によって、軍内部の統制を回復し、軍部の行動を抑止しようとするものだ。具体的には、荒木貞夫や真崎甚三郎といった陸軍皇道派の首脳と、加藤寛治や末次信正といった後述する海軍艦隊派の首脳との連携である。[*37] 陸海軍内部で彼らの地位と勢力を強め、時には彼らの反対勢力を追い出すものだった。

他にも、平沼は人的側面の重視から、皇族の権威を利用しようとしていた。参謀総長にはすでに閑院宮載仁が就いていたが、平沼は海軍軍令部長にも皇族を据えようとする。

ロンドン海軍軍縮条約問題で条約に否定的な態度を強硬に貫いた集団を中心に、その後に艦隊派と呼ばれる集団が形成されていた。海軍内で絶大な影響力を持つ東郷平八郎や伏見宮博恭の威光をもって、艦隊派は海軍内で徐々に政治的主導権を握っていく。ロンドン海軍軍縮条約を推進した条約派と呼ばれた集団は、斎藤実内閣の海相となった大角岑生(おおすみみねお)によって、多くが現役を追われた。

艦隊派が条約派を追い出す人事を行ったのは、彼らが主観的には、ロンドン海軍軍縮問題以降、海軍に政治の論理が悪影響を及ぼし、海軍が固守すべき統帥権の独立が脅かされていると考えていたからだった。

平沼騏一郎

そのため、軍令部長だった谷口尚真が辞意をもらした際、平沼らから伏見宮博恭を軍令部長に就けることが持ち掛けられると、艦隊派首脳はそれに向けて動き出す。[*38] 艦隊派の将官であった南郷次郎はのちに、次のように回想する。「倫敦(ロンドン)軍縮会議以来、海軍部内動揺の時代で、兵力量の問題を繞(めぐ)って部内が二派に分裂せんとし、東郷元帥を始め海軍主脳者は、部内の一致団結の強化に対し、極度に肝胆(かんたん)を砕いていた〔中略〕この危機を克服するには、殿下に軍令部長就任を御願する以外に打つべき手は無かった[*39]」。

平沼の課題意識に、海軍内部の統制の回復という艦隊派首脳の課題意識が連動することで、一九三二年二月に軍令部長に伏見宮が就任し、軍令部の権威は高まる。

軍令部の権限拡大と平沼内閣運動の帰結

陸軍は、一九三〇年代までは陸軍省優位の伝統を保っていた。だが、すでに第一次山本権兵衛内閣において軍部大臣現役武官制が廃止された際、重要な権限は陸軍省から参謀本部に移管されていた。このことは第2章で触れた。

一方で海軍では、伝統的に海軍省優位の体制が強固に維持されていた。しかし、皇族である伏見宮が軍令部長に就き、軍令部は宿願だった権限の拡大を主張するようになる。

一九三三年三月、海軍省と軍令部との間の詳細な権限関係を規定していた省部事務互渉規程の改訂を軍令部が提案する。そこでは、軍令部が編制、人事、警備派遣、教育、特命検閲といった広範な分野で権限の拡大を要求していた。これらはすべていわゆる混成事項（共同輔弼事項）である。軍令部はその混成事項に、規程上十分な関与が認められていない状態を長年不満に感じていた。

皇族である伏見宮のもとで省部間に収拾し難い対立を起こせないという配慮から、伏見宮が交渉に介入すると、海軍省側も軍令部の主張を認めざるを得なかった。なお、その際に海軍軍令部長は軍令部総長と名称が変更された。

一九三〇年代において、それまでの海軍省優位の体制であったものが、権限も主観的な意識も、海軍省と軍令部が並立した体制になっていく。[*40] 陸海軍双方において、軍政優位体制が崩壊していったのだ。

しかし、結局、平沼騏一郎がいくら周囲に皇道派・艦隊派首脳との良好な関係をアピールしても、平沼が首相になれる可能性は、この時点ではなかった。それは首相奏請を担う元老の西園寺公望から嫌われていたからだ。また、平沼、皇道派、艦隊派では政策も異なり、いわば呉越同舟とでもいうべき状態であった。そのため、平沼に首相となれる可能性がないとなると、平沼周辺の連携もあっけなく崩壊した。

先述したように、当時の平沼は、陸海軍部内の分立的な統治構造を人的な連携で克服することによって軍内部を統制しようとするものだった。しかし、艦隊派はそうした平沼の思惑とは異なり、平沼が推進した皇族軍令部長の就任によって高まった軍令部の権威を利用して、軍令部の権限を強化し、統帥権を強化した。軍内部の統制回復を目指したことが、結果的には統帥権の独立を強化して、軍部の統制を難しくしたのである。

一九三〇年代は、軍部の統制という政治課題のなかに、統帥権の独立の克服の他に、新たに軍内部の統制回復という内容が含みこまれることになったと先に述べたが、平沼が意図した統帥権の強化は、まさにその混乱の表れである。

こうして一九三〇年代半ばまでに、統帥権の独立という構造的な問題を抑制していた軍政優位体制は、陸海軍ともに動揺し、軍内部の統制欠如も深刻となり、軍部の暴走を抑止できなくなっていく。

ワシントン条約の廃棄

艦隊派は一九三四年七月の岡田啓介内閣の成立によって、急激に海軍内における政治的求心力を失っていった。しかし、ロンドン海軍軍縮問題以降、「軍事の特殊専門意識」は強化され、海軍内における軍政優位も動揺したため、専門家集団としての海軍の意見を覆すことは難しく、ワシントン海軍軍縮条約は海軍の主張によって廃棄されることになる。

ワシントン海軍軍縮条約の廃棄通告は、一九三四年末より可能だった。翌年に第二次ロンドン会議を予定していたことから、一九三四年中には、軍縮体制から脱却するかが海軍と政府との間で議論されていた。

岡田啓介内閣海相の大角岑生は、「海軍は質に於(おい)ても量に於ても〔イギリス・アメリカと〕平等ならざれば収まらず」と、[*41]強硬な態度を貫いていた。つまり、比率によって海軍の保有量を恒常的に制限されることを拒否して、イギリス・アメリカと同等の海軍力を保有する、少なくともその権利を認めさせようと主張していた。問題だったのは、国際関係や日本の財政状況といった大局的観点がまったくなく、海軍の統制維持のために条約破棄が主張されていたことだった。

こうした主張の海軍は、当然閣内で孤立する。首相である岡田や外務省だけでなく、陸軍も海軍を批判していた。陸軍とすれば、膨大な予算要求につながりかねない海軍の主張は、陸軍の予算を圧迫する可能性を孕んでいたからでもあった。

しかし、陸軍も、「陸軍としては海軍の技術的細部に干渉せずと雖も大所高所の見地に基き海軍の主張を公正ならしむることに努む」[*42]と、海軍の専門領域に立ち入ることはできないと認識していた。そして、一九三五年度予算に膨大な海軍整備予算の要求がないとわかると、海軍のワシントン条約廃棄という主張そのものは、陸軍も認めることとなる。[*43]

陸軍が容認すると、岡田や外務省も妥協を余儀なくされていく。ワシントン海軍軍縮条約の廃棄もやむを得ないと報告する岡田に対して、昭和天皇も「軍部の要求もあることとなれば、其辺にて落付けるより仕方がないと思う」と述べることになる。[*44]

ロンドン海軍軍縮問題のときには、兵力量の決定権が内閣と軍令機関のどちらにあるのかが議論となった。しかし、軍縮体制から脱却する過程では、そういった議論はまったくなく、軍部の意向がほぼ通った。

ロンドン海軍軍縮問題以降、軍部の政治的な影響力は政治の領域を確実に侵食していた。もはや軍令部に、「軍事の特殊専門意識」を発揮して自らの領域を防衛する必要などなかった。この時点で、誰が軍縮体制からの離脱を決定するのかという議論はほぼなかった。それは完全に海軍の管掌範囲として扱われていたからだった。

予算編成と軍部

軍部の政治的影響力の拡大は、予算編成過程にもみえる。例として、一九三六年度予算の編成過程をみていきたい。
岡田啓介内閣の蔵相高橋是清の基本方針は公債の漸減だった。そのため、各省からの概算要求に対して、大蔵省は臨時歳出の削減と新規要求の思い切った査定を行った。新規要求総額一一億五〇〇〇万円（内、陸軍三億四〇〇〇万円、海軍二億四〇〇〇万円）を大蔵省はいったん五億円まで削減する。しかし、陸海軍の強硬な復活要求により、大蔵省は予算閣議前までに新規要求総額を六億四〇〇〇万円（内、陸軍二億四〇〇〇万円、海軍一億二〇〇〇万円）まで認めていた。それでも、陸海軍は予算閣議で、陸軍七〇〇〇万円、海軍五〇〇〇万円のさらなる増額を要求する。
陸海軍の強硬な主張に対して、一九三五年一一月二七日に高橋是清は新聞談話で陸軍を強く批判した。それは「財政上の信用というものは無形のものである。その信用維持が最大の急務である。唯国防のみに専念して悪性インフレを惹き起し、その信用を破壊するが如きことがあっては、国防も決して安固とはなり得ない」というものだった。[*45]
この高橋の談話は、「我国の非常時性は主として我が軍部によって作られたものであるかの如き口吻を漏らすもの」と、陸軍を強く刺激する。[*46]
結局、岡田内閣は硬化した陸軍の同意を取り付けるため、さらなる譲歩が必要になった。岡田の提案により、各省の持ち寄りで一〇〇〇万円を捻出し、陸軍に八〇〇万円、海軍に二〇〇万円を追加で配分する。だが、参謀本部はさらに一〇〇〇万円を要求した。最終的には、資材整備の年限を短くすることで妥協が成立する。

一九三〇年代半ばは対外危機が強く意識されていた。日本は、中国大陸で武力を行使している。そのようななか、軍縮条約から脱退するとともに、第二次五ヵ年計画を終えるソ連が極東軍備を増強するのではないかと考えられていた。そのため、深刻に認識された対外危機に対処するとの軍の主張は、簡単に軍外の政治主体が覆せるものではなかった。編制事項に対する軍の発言力は、かつてないほどに高まっていた。

帝国憲法体制は分立的な統治構造である。元老の個人的能力や世論を背景とする政党の影響力によって、各機関が何とかまとまってきた。しかし、一九三〇年代以降、最後の元老となった西園寺公望の政治的影響力は低下し、一九二〇年代からスキャンダルの暴露合戦を演じていた政党の政治的影響力の凋落（ちょうらく）も著しかった。分立的な統治構造をまとめるリーダーシップが不在のなかで、軍の管掌範囲は拡大し、誰も軍部をコントロールできなくなっていく。

3 二・二六事件の余波——限定的だった陸軍の勢力拡大

陸軍自らによる粛軍

一九三六年二月二六日の早朝、皇道派青年将校による二・二六事件が発生した。彼らは国内外の情勢への危機感から、「昭和維新」を標榜し、皇道派による政権の樹立を目指した。

皇道派青年将校に率いられた約一四〇〇名の部隊は、首相官邸などの重要施設を襲撃しつつ永田町一帯を占拠し、内大臣斎藤実・蔵相高橋是清・教育総監渡辺錠太郎らを殺害、侍従長鈴木貫太郎にも重傷を負わせた。政府も軍部も極度の混乱に陥るが、事件そのものは二九日には鎮圧された。首相の岡田啓介は難を逃れたものの、鎮圧後に内閣は総辞職を余儀なくされる。その後に成立した広田弘毅内閣において、課題となったのは当然ながら陸軍の粛清（粛軍）だった。当時この粛軍は、当事者である陸軍が中心となって行うことが自明視されていた。

たとえば、『東京朝日新聞』の社説は、「今回陸軍中央部の決定的態度として伝えらるる所謂『抜本塞源的対策』を軍の内部に於て、軍関係者全部一致の協力を以て成し遂げねばならぬのは言うまでもない」と記している。[*47] いかに不祥事を起こしたとしても、陸軍の粛軍は陸軍にしかできないと認識されていた。

問題は、陸軍が粛軍のために、内閣に「庶政一新」を要求したことである。陸軍内では皇道派に替わって統制派が主導権を握り、皇道派の将軍を予備役に編入していた。そうした陸軍内部の刷新と同時に、陸軍は二・二六事件を起こした青年将校たちの動機に鑑みて、社会不安や政情不安が軍内の紀律を乱したと考え、その除去を外部に求めたのである。

たとえば、陸軍内部では、陸軍航空本部長の畑俊六が「内部粛軍と同時に内閣に対しては積極的に要求することが即粛軍の唯一の方法」と述べている。[*48] 次にみる寺内の声明にも、そうした意識が明瞭に表れている。

今度の事件を惹起したことについては、陸軍として非常に責任を感じている。従って、四大将が現役を退く等犠牲を払ったが、今後も全力を尽して粛軍の実を挙げる積りでいる。併し今回の事件については軍部のみでなく国民全体が責任の幾分を負わねばならず、政党などには殊に責任がある。故に今組閣に当っては政党その他社会各方面、各層我儘を捨て犠牲を払って誠心誠意挙国一致の精神に基いて国政を一新するために真剣な協力を払わねばならぬ。この精神この方針で内閣を組織するならば軍部としても強いて反対するものではなく、協力するに吝かでない[*49]

寺内は広田の組閣にあたり、広田に「軍備の充実。税制の調整。国民生活の安定。国体明徴。経済機構の統制。民間航空を盛ならしむること。情報宣伝の統制を強化すること」[*50]と、内政全般にわたる広範な要求を行った。

陸軍のこうした主張は、少なくとも当時の史料上では、大きな批判をほとんど受けていない。むしろ、周囲の政治主体は、陸軍が粛軍のためには「庶政一新」が必要だと判断している以上、その要求に極力配慮しようとしていた。

軍部大臣現役武官制の復活

陸軍が粛軍にあたり、最も重視したのは、軍部大臣現役武官制の復活だった。第一次山本権兵衛内閣で軍部大臣現役武官制が廃止されてから、現役以外の予備・後備役から陸海軍大臣となったものは実際にはいない。ただ、軍部大臣現役武官制は軍に倒閣を可能とする制度だった。

陸軍が軍部大臣現役武官制を主張したのは、粛軍の一環として、荒木貞夫や真崎甚三郎といった皇道派の将官を予備役に編入したからだ。彼らの陸相就任を防ぐ必要があった。

ただし、より重要なのは、陸軍が後任陸相の推薦に関する三長官会議の慣例の停止とともに軍部大臣現役武官制を主張していたことである。第2章第2節でも説明したように、三長官会議による後任陸相の決定という手続きは、清浦奎吾内閣の組閣時に田中義一が参謀本部の抑制のために主張していたが、その後も後任陸相は首相と前任陸相が協議のうえで決定していた。[*51] しかし、満洲事変時、陸相である南次郎が部内統制のリーダーシップを発揮できないなかで、三長官によって重要事項を決定する慣行が形成され始めていた。[*52]

粛軍を進めるためには、陸相の権威と権限を増す必要がある。軍部大臣の有資格者の範囲を現役に戻し、人事権を持つ陸相が三長官会議の決定を経ずに選定する方式こそ最善と考えたのだ。[*53]

粛軍のために必要と陸軍が主張するのであれば、広田弘毅内閣は、陸軍の要望をかなえるしかなかった。海軍大臣の任免にも関わる重要な規程の修正だったが、海軍も「実際からいうとあまり賛成ではなかったけれども、まず陸軍のお附(つき)合い上已(や)むを得な」い[*54]と、陸軍の粛軍に配慮して容認した。

一九三六年五月に広田内閣の下で軍部大臣現役武官制が復活する。だが、三長官会議が後任陸相を決定する慣行はなくならずに、軍令機関である参謀本部が陸相人事をめぐって内閣に影響力を及ぼす状態は変わらなかった。また、よく知られているように、こうして復活した軍部大臣現役武官制はすぐさま陸軍の強力な政治的武器となる。

一九三七年一月に広田内閣が総辞職した後、宇垣一成に組閣の大命が下った。宇垣は組閣にあたり、統制経済の導入といった陸軍統制派や革新官僚の望む政策を取りつつ、議会を解散して既成政党の再編を狙っていたが、統制派や革新官僚からの支持は得られなかった。[*55] 宇垣の政治色を嫌った陸軍中堅層は、宇垣の組閣阻止に当初消極的であった陸相の寺内寿一(ひさいち)や陸軍次官の梅津美治郎(よしじろう)を説得し、宇垣内閣への陸相推薦の拒否に成功する。

注目すべきは、寺内らの説得にあたった参謀本部戦争指導課長の石原莞爾ら陸軍中堅層が、まずは参謀総長を説得して同意を取り付け、そのうえで寺内らに圧力をかけていたことである。[*56] つまり、軍部大臣現役武官制を復活させることによって、参謀本部が陸相人事をめぐって内閣に影響力を及ぼすことを防ぐ計画は、早々に放棄されたのである。

軍部大臣現役武官制があるため、陸相を得られない宇垣は大命拝辞を決めた。

軍部の議会制度改革論

広田弘毅内閣総辞職後、宇垣一成は軍部大臣現役武官制のもとで、自らの古巣である陸軍の反対によって組閣できなかった。ただ、そのこと自体は陸軍内部の派閥抗争の話である。たしかに、陸軍は宇垣の組閣を阻止したが、政党と軍部との対立でみた場合、政党はいまだ一定の影響力をこの広田内閣期から一九三七年二月に発足する林銑十郎内閣期までは保っていた。犬養毅内閣を最後に政党内閣は途絶え、軍部大臣文官制を求める主張は低調だったが[57]、議会政治までもがなくなったわけではなく、政党勢力は予算や法律の審議を通じて軍部を批判していた。そのため、粛軍を盾に政治的発言力を強め、外部にも改革を要求していた陸軍は、議会制度改革も求めていく。話を再び広田内閣期に戻したい。

一九三六年九月一九日、陸相の寺内寿一と海相の永野修身(ながのおさみ)が共同で、「政治行政機構整備改善要綱」を首相の広田弘毅に提案した。そこでは内閣機能の強化や予算編成の円滑化のために、国策統合機関や無任所大臣の設置を提言していた。ただ、議会改革については、「国運の進展竝(ならびに)議会の現状に鑑み、議院法及選挙法を改正し、議会を刷新す」とのみ記されているだけだった[58]。「政治行政機構整備改善要綱」の主眼は行政機構改革に置かれていた。

要綱の骨子が新聞発表された際には、議会改革の部分は未掲載であり、当初はほとんど注目されなかった[59]。その後に議会制度に関して、次のような寺内の発言が新聞で発表される。

議会と政府とを出来るだけ独立の機関たらしめ、議会の向背(こうはい)によって政府の存立が容易に脅威を受くる現行制度に対し、憲法の許す範囲で出来得るだけの根本的改革を加えんことを要望している。従って、政党に対しても出来得れば政党法の如(ごと)き法律を制定して、政党は議会内において立法、予算に協賛することを主眼とし、これが内閣を組織して政府の地位に立つことを出来得る限り防止し、これによって政治の公明を実現しようとする意向である[*60]

寺内のこの発言は、議会の政府監督機能と政党内閣制自体を否定しかねないものだった。だが、『東京朝日新聞』では議会制度よりも軍部が同要綱で地方制度改革に言及したことを問題にし[*61]、『読売新聞』では議会の権能よりも選挙条件を論じていた[*62]。

無任所大臣や省の統廃合の問題は、閣内での強い反発を引き起こすことになり、陸軍は目立った成果を挙げることができなかった。外部に改革を要求することが粛軍の方法と認識する陸軍としては、そのままで終わることはできない。

陸軍の議会制度改革論は、一〇月三〇日に再び新聞紙上に掲載されることになった。そこでは、「議会には政府弾劾の如き決議をなす権限を持たせぬこと」といった、議会権限の縮小につながる事項や、「議会に多数を占むる政党が政府を組織するが如きことを禁止し政党内閣制を完全に否定」と、政党内閣制を否定する文言が含まれていた[*63]。

これについては、陸軍省軍務局課員の佐藤賢了への取材から、新聞記者が独断で書いた、陸軍の予期しない発表だったとの説がある[*64]。しかし、すでに同様の報道は一ヵ月以上前から行われていた。無任所大臣や省の統廃合の問題で陸軍の意見が後退を余儀なくされていた時期であることから、攻撃の矛先を政党政治に向けるため、意図的にリークされたものと考えられる。

政党の反撃

陸軍の議会制度改革が再び新聞紙上に現れた一九三六年一〇月末、政党勢力は陸軍の案に猛反発した。[65] 陸軍が政党内閣制の排撃論を発表し続けたために、[66] 政友会と民政党は共同戦線を模索する。社会大衆党も軍の政治関与を排撃する声明を発している。[67]

こうした政党勢力の激しい反発を前に、広田内閣は議会制度改革を議論する場合には、議院制度調査会や選挙制度調査会といった既存の調査会と連携することを声明した。[68] 陸軍と協同歩調をとっていた海軍も、「行革の軍部案に海軍は固執せず　より良き刷新を要望」、「巷間伝えらるるが如き議会の権限の縮小に論及した事なく」と声明している。[69]

このような状況では、陸軍も方針を転換せざるを得なかった。寺内は「議会の権限を縮小するが如き観念は毛頭なし」や「巷間伝えられる議会改革に関する陸軍の言説なるものは、陸軍は何ら関知せず」と、新聞で発表せざるを得なかった。[70]

陸軍が主張を後退させるなか、政党勢力の間では「粛軍と併行して議会政治の伸張を図ろうという気運」が醸成されていく。[71] そのため、議院制度調査会に寺内を招致し、釈明させることを計画する。寺内と陸軍次官の梅津美治郎は拒否する方針だった。[72] しかし、議会の開会が近づくにつれて、内閣は政党勢力と陸軍との対立をできるだけ緩和しておきたく、書記官長藤沼庄平が仲介し、[73] 首相官邸で政党の希望者を対象とした陸軍首脳との懇談会を催すことになった。[74]

一二月二日に開催された懇談会では、民政党の斎藤隆夫と寺内とのやり取りのなかで、寺内は政党内閣を容認し、議会制度改革には軍部が容喙しない方がよいということを発言せざるを得なかった。[*75] 陸軍が構想した議会権限の縮小と内閣機能の強化には、歯止めがかけられることになる。

さて、一九三七年一月二一日、衆議院本会議で行われた、いわゆる「腹切り問答」は、政党勢力と陸軍との対立を印象付けるものとなった。ただし、発端となった政友会の浜田国松による演説は、必ずしも軍部を直接批判するものではなかった。[*76]

しかし、寺内は浜田の発言に軍部を批判した部分があると批判し、浜田と口論となった。浜田は最終的に、「速記録を調べて僕が軍隊を侮辱した言葉があったら、割腹して君に謝する。なかったら君割腹せよ」と述べた。[*77] 議場は浜田に対して拍手喝采となったが、面子をつぶされたかたちになる陸軍は、懲罰的な衆議院の解散を主張した。しかし、予算の早期成立を希望する海軍は反対する。陸海軍対立を懸念した広田弘毅は、総辞職を決意する。[*78]

統帥権の独立の歴史的問題点

二・二六事件後、陸軍の政治的発言力は強くなった。しかし、それは二・二六事件を起こした陸軍の暴力に周囲が口をつぐんでいたからではない。陸軍自らによる粛軍への配慮があったからに過ぎない。そのため、陸軍の唱えた議会制度改革論に対する政党勢力の反発や、その後の腹切り問答、食い逃げ解散後の選挙結果などから考えると、軍部の政治的台頭はいまだ限定的だった。

本章でみてきたように、統帥権の独立という仕組みそのものが、一九三〇年代の軍部の政治的台頭の原因だったわけではない。統帥権の独立は、問題が起きた際に、軍を抑止できずに問題を深刻化させることはあったが、当時、軍の内外で課題とされたのは、軍内部の統制回復だった。軍内部の統制の模索のなかで、海軍の事例が顕著であるように、統帥権の独立がさらに強化されていったのだ。

そして、ここまで軍内部の統制が課題だったが、一九三七年七月、日中戦争の勃発によって、状況は大きく変わっていく。軍部の管掌範囲はさらに拡大し、日中戦争も長期化した結果、「国務」と「統制」の分離が深刻に意識されるようになる。

日中戦争の勃発により、日本は統帥権の独立に再び向き合う必要に迫られることになった。

第4章　日中戦争の泥沼——一九三七～四〇年

1　不拡大方針のなかでの拡大——決定者をめぐる混迷

盧溝橋事件

一九三七年七月七日深夜、北京郊外で夜間演習中の日本軍と中国軍との間で武力衝突が起きた。この盧溝橋（ろこうきょう）事件がのちに、日中全面戦争に発展する。日中両軍のどちらが先に発砲したのかについては、日本・中国・台湾の歴史学界でさまざまな説が検討されたが、中国側の偶発的な発砲だったという説が日本では有力である[*1]。実際、日本軍の陰謀だったとすれば、その後の日本側の対応は現地軍・中央官衙（かんが）ともにあまりに場当たり的であり、綿密な計画・準備のうえで行われたとは到底考えられない。

盧溝橋事件が偶発的なものだったとしても、日本は長年にわたって中国大陸で謀略的な軍事行動を多数展開していたので、日中両軍の武力衝突は歴史的な必然性を有していた。ただ、それまでは現地軍同士の局地的な武力紛争で収束していたのも事実である。それがなぜ、この一九三七年においては日中全面戦争に拡大したのだろうか。

盧溝橋事件では、現地軍と中央とでコミュニケーションが極度に混乱していた。事件勃発当初は現地軍が攻勢をかける一方で、第一次近衛文麿内閣は不拡大方針をとろうとしていた。しかし、その後に現地軍がそれまでと同様に、現地で停戦協定を締結し、局地的に解決しようとする。それにもかかわらず、近衛内閣は「暴支膺懲（ぼうしようちょう）」（無法な中国を懲らしめるという意味）の方針を立て、軍事行動を継続しようとした。

近衛内閣の方針の転換の理由の一つは、中国が弱国であり、三ヵ月程度で紛争は片付くというきわめて楽観的な見通しのもとで、山積する中国問題を一挙に解決しようとしていたことである。ただし、注意しなければならないのは、近衛内閣の決定の背景に、近衛と陸軍との間での、武力衝突収束の主導権をめぐる対立があったことである。

近衛文麿と陸軍

盧溝橋事件の勃発当時、陸軍内では二つの考え方が併存していた。

一つは、参謀本部第一部長石原莞爾や陸軍省軍務局軍務課長柴山兼四郎をはじめとし、参謀本部第一部戦争指導課を中心にみられた、中国での大規模な兵力行使には消極的で、対ソ戦の準備を優先するという意見である。

もう一つは、陸軍省軍事課や参謀本部第一部作戦課、参謀本部第二部などにみられた、中国の実力を軽視し、武力衝突の機会を捉えて懸案を一挙に解決しようとする意見である。結局、中国軍の兵力増強の情報に接し、現地軍への増援の必要から、とりあえずの兵力増派を陸軍は決定する。

その際、陸相の杉山元は閣議で、「五千の兵隊を救うために早速三個師団の兵を国内からどうしても出したい。この点すべて自分に委せてもらいたい」と、処理方針の陸軍への一任を要求した。杉山の要求に対して、首相の近衛文麿は、「いま日本が大軍を支那に送ることは国際的に重大なことであるから、よほど考えなければいけない。〔中略〕自分は出兵には絶対に反対だ。従って陸軍大臣にすべての責任を委すわけには行かん」と反対した。[*2]

この近衛の発言は不拡大方針にもみえるが、実際には近衛は不拡大方針を堅持していたわけではなく、七月一一日には内閣は三個師団の増派を決定する。

近衛文麿

近衛の発言の主旨は、実は後半「陸軍大臣にすべての責任を委すわけには行かん」にある。つまり、陸軍が中心となって事件を処理するのではなく、外交ルートでの処理を目指すという意見だ。近衛は別の機会にも、「まず第一に日本に野心のないことを明かにすることがやっぱり必要である。進んで外交的解決を要するのだ」と発言している。[*3] 不拡大方針を堅持しなかった一方で、近衛は政府決定による事件の収束は目指し続けた。

七月一一日、現地では中国側の謝罪と抗日運動の取り締まりを条件として、停戦協定が成立していた。しかし、同日に近衛内閣は三個師団の増派を決定し、次のような政府声明を発表している。

> 北支治安の維持が帝国及満洲国にとり緊急の事たるは茲に贅言を要せざる処にして、支那側が不法行為は勿論排日侮日行為に対する謝罪を為し、及今後斯かる行為なからしむる為の適当なる保障等をなすことは、東亜の平和維持上極めて緊要なり。仍て政府は本日の閣議に於て重大決意を為し、北支派兵に関し政府として執るべき所要の措置をなす事に決せり。然れども〔中略〕政府は今後共局面不拡大の為平和的折衝の望を捨てず、支那側の速かなる反省によりて事態の円満なる解決を希望す[*4]

この声明では、一応不拡大方針を表明しているものの、中国に国家としての謝罪と排日運動の抑止を要求している。それは、現地軍間での協定よりも、はるかに拘束力が強く、より抜本的な日中間の懸案事項の解決と言えるかもしれない。だが、そうした謝罪と排日運動の抑止を盛り込んだ協定は、現地軍の間だからこそ成立可能だった。国家としてそれらを要求された蔣介石の国民政府は、日本の挑発と捉え、七月一七日に「万一にも本当に避けることのできない最後の関頭にいたった場合には、もちろんわれわれは犠牲を払うだけであり、抗戦するだけである」との談話を発表する。[*5]

現地軍の衝突で始まった局地的な紛争は、事件の収束の主導権をめぐる近衛と陸軍との対立のなかで、国家間の問題へとエスカレートし、解決が難航していく。

アメリカ中立法の影響

この時期まで、前章でみた軍内部の統制の問題はまったく解決していなかったが、日中戦争の開戦は統帥権の独立、すなわち、「国務」と「統帥」の分離をもあらためて深刻に意識させることになった。それにはアメリカの中立法が関係している。

一九三五年制定の中立法（Neutrality Act）は、大統領が戦争状態・内乱状態にあると認定した国に対して、アメリカからの武器・軍需物資の輸出を禁止し、アメリカの中立を維持することを目的としたものである。

中立法の影響は、アメリカ国内にとどまらない。アメリカが保有する資金・物資の巨大さにより、アメリカからの禁輸は経済制裁と同等のものと認識される。そのため、アメリカと関係ある国に対して戦争抑止力として作用していた。[*6]

当時の日本は軍需物資をアメリカに依存していた。石油や鉄の七割から八割、工作機械も六割以上をアメリカからの輸入に頼っていた。[*7] 中立法の適用を受けると、軍需物資をアメリカに依存する日本は戦争ができなくなってしまう。

そのため、盧溝橋事件によって勃発した「日中戦争」と表記してきたが、日本ではアメリカによる中立法の適用を避けるため、「戦争」と呼ばず、「支那事変」や「日支事変」と呼んだ。また、戦争でないと主張しているため、日本は大本営を設置するなど、本格的な戦時体制に移行することができなかった。

他方、日清・日露戦争時に政戦略の一致を担った元勲・元老級の政治的有力者はおらず、政党勢力の衰退も著しかったことから、分立的な統治構造を統合できる政治主体がいなかった。一九三〇年代に軍部が政治的に台頭したといっても、軍部には政戦略を一致させるような力はそもそもなく、軍部もそれを自分たちが担うべきものとは認識していなかった。

こうして、実質的に戦争となっているにもかかわらず、大局的な舵取りが不在のなか、日本は日中戦争の泥沼にはまり込んでいく。日中戦争が解決できないなかで、統帥権の独立、つまり、「国務」と「統帥」の分離は深刻に意識されるようになっていくのだった。

華中・華南地域への戦線拡大

その「国務」と「統帥」の分離の克服を日本がどのように模索したのかを説明する前に、華北地域での紛争が、どのように華中・華南地域に拡大していったのかをみていく。そこには、海軍内での軍政・軍令の職掌分担認識が関係していたからだ。

華北地域での武力衝突が波及し、一九三七年八月九日に大山事件が起きるなど[*8]、海軍が担当する上海方面でも軍事的な緊張が高まっていた。そうした状況のなかで、軍令部は本格的な武力行使を要求していた。しかし、海相米内光政(よないみつまさ)以下の海軍省は、日本側から先端を開くことを抑止していた。

閣内での調整を担当している海軍省は、外務省の交渉を重視し、大義名分がない状態での武力行使に反対していた。そのため、米内は軍令部総長の伏見宮博恭に、「外交交渉には絶対的信頼を措(お)かず。然(しか)れ共(ども)、目下進行中にして、而(しか)も先方より言い出せしものなり。成否は予想出来ざるも、之(これ)を促進せしむることは大切なり」、「今打つべき手あるに拘(かかわ)らず直(ただち)に攻撃するは大義名分立たず」と主張していた。[*9]

そのため、軍令部は現地の第三艦隊司令長官長谷川清に、「敵攻撃し来らば、上海居留民保護に必要なる地域を確保すると共に、機を失せず敵航空兵力を撃破すべし」と伝えざるを得なかった。[*10]「敵攻撃」がなければ、日本側から軍事行動をとれないことになる。海軍内では、海軍省と軍令部とがお互いの職掌分担を尊重していたと言える。

ただし、「敵攻撃」の定義は曖昧だった。八月一三日に上海で市街戦が発生する。第三艦隊はその市街戦をもって「敵攻撃」と判断し、航空兵力の投入を準備し出した。しかし、海軍省はその市街戦を小競り合いと判断し、「敵攻撃」とは認識しなかった。[*11]

そのため、翌八月一四日に第三艦隊が予定通り空爆を実施していれば、海軍省・軍令部・第三艦隊との間で大混乱が生じ、その後の軍事的展開の過程も変わった可能性があった。だが、悪天候で第三艦隊は空爆の実施を見合わせる。

米内光政

ところが、八月一四日に中国軍機が第三艦隊旗艦出雲（いずも）を空襲した。海相米内光政は中国軍機の出雲攻撃を、戦端を開くべき大義名分と認識した。それまでの米内は大義名分がない状態で日本側から戦端を開くことに反対し、軍令部の主張を抑制していた。だが、中国側から戦端が開かれると、軍令部の主張を最大限実施できるよう閣内などで努力する立場へと変化する。

米内は閣議で、「ドンドン陸軍を出して、南京まで占領してしまうがよい」とまで発言した。[*12] 戦線は華中・華南地域へと拡大し、盧溝橋事件によって始まった日中間の武力衝突は、全面戦争に発展する。

軍政と軍令が分離していると、それぞれの機関が何を担当するのかという認識が当事者たちの行動を規定する。戦線の華中・華南地域への拡大は、統帥権の独立という仕組みを厳密に守ろうとする海軍内の行動原理がもたらしたものとも言える。

トラウトマン工作の打ち切り

日中戦争が拡大するなか、一九三七年一〇月には、日中間の和平を仲介しようという動きがイギリスやドイツから出てきた。日本国内の反英感情を考慮して、第一次近衛文麿内閣外相の広田弘毅は、駐日ドイツ大使ディルクセンに和平条件の希望を提示し、そこから、駐中ドイツ大使トラウトマン（Oskar P. Trautmann）を仲介とした和平交渉、いわゆるトラウトマン工作が始まる。

ただし、トラウトマン工作は当事者の独断すれすれの行動だった[*13]。また、広田が期待していたのはイギリスであり、ドイツを仲介とする交渉にそもそも熱意がなかったとの指摘もある[*14]。それでも、国民政府もトラウトマン工作に応じる姿勢を示していたので、日中戦争全期間を通じて、トラウトマン工作は日中両陣営が和平条件を論じた唯一の機会だった[*15]。

しかし、一二月に日本軍が南京を占領し、日本は和平条件を吊り上げた。そのため、国民政府の回答が遅れる。日本側は国民政府の回答の遅延に不信感を抱き、交渉を継続するべきかどうかを話し合うこととなる。

一九三八年一月一五日の大本営政府連絡会議（近衛が「国務」と「統帥」の一致を目指し、内閣と統帥部の連絡を図るために開いた会議。大本営については次節で詳述）では、対ソ戦の準備促進を希望し、貴重な兵力を大陸で浪費したくない参謀本部が、トラウトマン工作を継続し、早期に和平を結ぶことを主張した。

それに対して、外相の広田は交渉の打ち切りを主張した。広田は「永き外交官生活の経験に照し、支那側の応酬振りは和平解決の誠意なきこと明瞭なり。参謀次長は外務大臣を信用せざるか」と述べた[*16]。広田は、職業外交官の経験を根拠に外交分野における専門性を強調し、外交問題を処理する際に参謀本部が外相である自分の判断を信用しないことに不快感を露わにしている。

広田のこの発言により、議論を進めるうえでは、二つの論点が生まれた。一つは、戦争を継続することは適切なのか、もう一つは和平交渉の継続の可否は誰が判断するのかである。海相の米内光政は特に後者を議論の俎上に載せた。米内は、「輔弼の責に在る外相が最早脈なしというのに、統帥部が脈ありと曰われるのは何故か」と参謀本部に問い質した。[*17]

統帥権の独立のもとで、各機関の管掌範囲を意識して態度を決定する傾向の強い米内は、主管大臣を尊重する方針に基づいて、広田を支持して参謀本部の意見を封じた。結局、この場では広田の意見が支持され、日中間は和平の機会を失い、日本は日中戦争の泥沼にはまり込んでいくことになる。

この大本営政府連絡会議では、和平をすべきか否かではなく、誰が決定するのかという管掌範囲や手続き論といった官僚的合理性が議論されていた。分立的な統治構造を統合する主体が不在のために、大局的判断よりも官僚的合理性をめぐる議論が優先されたのだ。

統帥権の独立により、政治が軍事に介入できないのと同様に、軍が政治の領域に介入しようとすれば、意見の妥当性は考慮されることなく、その介入を排除することが優先されたのである。

2 和平交渉の不発——国務と統帥の統合の模索へ

和平交渉の停滞と当時の課題意識

トラウトマン工作を放棄し、一九三八年一月一六日に第一次近衛文麿内閣は「爾後国民政府を対手とせず」と、国民政府との対話を完全に遮断する声明を出し、長期戦に自らはまり込んだ。

四月から五月にかけて徐州作戦、八月から一〇月にかけて武漢作戦と広東作戦を展開し、日本は占領地を広げていった。しかし、中国の重要都市の大部分を占領下に置いたものの、重慶にまで移った国民政府を屈服させられなかった。[*18]

この時点で日本は戦力の限界がきていた。武漢作戦終了時の日本陸軍は、中国大陸に二四個師団、満洲・朝鮮に九個師団を配置し、内地に残した常設師団は近衛師団一個のみとなっていた。さらに、動員した師団の予備役兵率も高く、軍紀は乱れがちだった。その後は重慶への空爆に攻撃の重点を移すも、状況に決定的な変化を及ぼすことはなかった。

主要都市を失った国民政府内部も動揺していた。国民党副総裁の汪兆銘は、反共イデオロギーを共有することで、対日早期妥協を主張していた。一二月一八日に汪兆銘は重慶を脱出し、日本占領下のハノイに到着した。しかし、提示された和平方針には、日本軍の中国大陸からの撤退などが含まれておらず、汪兆銘らの期待からは大きく外れるものだった。汪兆銘に同調する動きも中国内で起きず、このいわゆる汪兆銘工作は空振りに終わる。

国力に危機感を抱くようになった日本国内では、日中戦争を解決できない要因が議論されるなか、統帥権の独立、すなわち、「国務」と「統帥」の分離の問題が再び議論される。

帝国憲法体制はきわめて分立的なものである。そのなかでも統帥権の独立は最も深刻なものである。「国務」の輔弼者である内閣（国務大臣）と「統帥」の輔弼（輔翼）者である軍令機関（参謀本部・海軍軍令部）を統合できるのは天皇しかいないからだ。

やや後の時期であるが、昭和天皇は首相の平沼騏一郎に、「統帥権について——言葉を換えていえば陸軍について、何か難しい、うるさいことが起ったならば、自分が裁いてやるから、何でも自分の所に言って来い」と述べたこともあり[*19]、当時の課題を正確に認識できていた。元老や政党勢力といった、「国務」と「統帥」を統合できる主体が不在であるなか、その分離の克服が日中戦争解決のためにも必要であると認識していたのである。しかし、政治責任を負うことができず、立憲君主として振る舞う必要があった天皇が、その統合の役目を果たすのは難しく、内閣も軍もそれを昭和天皇に期待することはできなかった。

軍事作戦については、首相への情報開示に軍部が消極的だった。政略に合わせた軍事作戦の要求もできないどころか、統帥部側からほとんど情報を得られない内閣は、和平に向けた具体的な動きがとれず、対応が後手に回りがちだった。加えて、和平に向けた謀略は軍部でも独自に行われ、それが状況をより複雑にした。

このように、統帥権の独立という仕組みのもとでは、「国務」と「統帥」を統合した政策を打ち出しづらく、戦争指導は非効率的だった。

軍部も不満を募らせていた。軍部の独断で作戦が展開され、多大な犠牲が生じようとも、それが日中戦争の解決に結びつかないからである。したがって、陸軍内部からも、内閣が指導力を発揮し、国策を決定することを求める意見が出てくる。先述したように、陸軍、特に参謀本部は、早期に日中戦争を処理し、対ソ戦に備えたいと考え、貴重な人員や資材を中国戦線で浪費することは避けたかった。

こうして、日中戦争を解決できないなかで、「国務」と「統帥」の分離を克服し、内閣機能を強化しようとする動きが出てくる。

内閣機能強化の挫折

日中戦争期の内閣機能の強化策としては、一九三七年一〇月に新設された内閣参議がある。政・官・財界や軍部から実力者を内閣参議として集め、内閣の政治力を強化するという目的で設置されたものである。しかし、それほどの効果は挙げられず、名誉職化していった。また、近衛文麿が第二次内閣を組織してからは、三国同盟締結の際などに政治や外交に注文をつけてくる内閣参議を、近衛は疎ましく思うようになり[*20]、内閣参議の当初の目的はまったく達成されなかった。

本来、拡大する戦争に対処するためには、大本営を設置して陸海軍を統一的に運用する必要があった。だが、当時の戦時大本営条例では、戦争の際にしか大本営を設置できなかった。つまり、大本営を設置してしまえば戦争であることを認めることになり、先述したように、アメリカの中立法に抵触してしまう。

そのため、一九三七年一一月一八日に戦時大本営条例は廃止となり、新たに大本営令が公示された。その第一条は「大本営は戦時又は事変に際し必要に応じ之を置く」となっており、事変でも大本営を設置可能にした。

実は、この新しい大本営令を策定する過程で、大本営設置を内閣機能の強化に結びつけようという構想があった。陸軍省軍務局軍務課国内班長だった佐藤賢了は当時のことを次のように回想している。

大本営を設置するに当って、従来通りの大本営を設置するか、或は支那事変の本質に鑑みて、その機構を変えたがよいかに就て検討して見た〔中略〕従来考えられた戦争に於ける政略と戦略との関係は一層政略を重しとする。だから今度設置する大本営は純然たる統帥機関でなく、大本営内に首相、外相、蔵相、商相等主要な閣僚を入れて、政戦両略の完全なる一致体としてはどうかという意見を持った[*21]

陸軍中堅層すらも、内閣による強力な戦争指導を求めていた。

こうした陸軍の意見や近衛の意向もあって、まず、大本営を単なる統帥機関ではなく、国務と統帥を包含した国策の最高決定機関とすること、そして、そこに列席出来る閣僚を制限し、彼らのみを国務大臣として、それ以外を単なる各省長官とすることの二点を柱とする内閣機能の強化策が話し合われる。

しかし、帝国憲法第五五条では「国務各大臣は天皇を輔弼し其の責に任ず」と定められ、各国務大臣がそれぞれの専門分野で個別に天皇を補佐する体制（これは国務大臣単独輔弼制と呼ぶ）がとられている。そのため、国務大臣以外が天皇を補佐したり、各省長官が各管掌領域で天皇を補佐することができない体制をつくれば、それは帝国憲法に抵触しかねなかった。結局、大本営は単なる従来通りの統帥機関として設置されることになる。[*22]

この大本営令をめぐる議論は、内閣と軍が、軍事を政治に従属させることを話し合った近代日本における数少ない機会だった。だが、その貴重な機会は活かされなかった。その後も、たとえば阿部信行内閣は少数閣僚制を模索したが、結局、「国務」と「統帥」の分離は克服されず、日本は政戦両略の不一致をみたまま日中戦争の泥沼から抜け出せなかった。

第一次日独伊三国同盟交渉

強力な戦争指導体制が実現せず、日中戦争の解決は外交による模索が行われた。

その主たるものが、一九三八年七月から三九年八月まで話し合われた、第一次日独伊三国同盟交渉（防共協定強化交渉）だ。これは、一九三六年に結ばれていた日独防共協定（一九三七年にイタリアも参加）を軍事同盟にしようという交渉である。

ドイツやイタリアは、ヨーロッパでの牽制作用の増大を期待して、イギリスやフランスを対象にしたい希望を持っていた。日本は陸軍が対英牽制に利用でき、アジアでのイギリスの圧力が低下し、日中戦争の解決に結びつくのではないかという希望を抱いた。当時はアメリカやイギリスが東南アジアから援蔣ルートによって蔣介石を援助していたために、中国は日本に抵抗できていると考えられていたからだ。陸軍はイギリス・フランスを対象とした軍事同盟の締結を目指す。

それに対して、外務省・海軍・大蔵省は、少なくとも首脳部レベルでは、軍事同盟に発展させるにしても、あくまでも対象はソ連のみであり、イギリスやフランスを対象とするのは、それらの国が赤化した場合のみと主張した。彼らは、英米を相手に日本は戦争ができないと認識していた。

両者の対立は結局最後まで解消せず、第一次近衛文麿内閣期から平沼騏一郎内閣期にかけて、七〇回以上の五相会議（首相・外相・陸相・海相・蔵相の会議）を行いながらも、妥結に至らなかった。

長引く交渉に見切りをつけたドイツは、一九三九年八月にポーランド侵攻のために独ソ不可侵条約を調印する。防共協定を結ぶドイツの変節に平沼内閣は衝撃を受け、平沼の「欧州情勢は複雑怪奇」という声明とともに、内閣は総辞職した。

また、第一次日独伊三国同盟交渉が破綻する前月、アメリカは日米通商航海条約の廃棄を日本に通告した。これにより、アメリカはいつでも日本に重要物資の禁輸という方法で、経済制裁を行えるようになった。ドイツ・イタリアといった全体主義陣営との連携を深める日本へのアメリカからの警告だった。

陸軍の外交過程への介入

陸軍が三国同盟の締結を目指したのは、日中戦争の処理に関係しているからだった。有効な戦争指導体制も確立できないなかで、日中戦争が長期化していた。

当時の駐独大使は陸軍出身の大島浩（ひろし）であり、現地ではかなり独断専行の交渉を行っていた。最も紛糾したのが、ドイツやイタリアが戦争となった場合に、日本はいかなる具体的な兵力援助ができるかだった。交渉の過程を微細にみると、大島が東京からの訓令を執行しなかったり、政府決定に沿わない言質（げんち）をドイツ・イタリアに与えたりしていたのは、多くの場合、兵力援助をめぐる問題だった。

平沼内閣は一九三八年一月段階で、ドイツ・イタリアがイギリス・フランスと戦争になった際に日本が兵力援助を確約できるのは、イギリス・フランスがソ連と協同した場合のみであり、それ以外の場合は状況によることを決定していた。[*23]

大島 浩

東京からの訓令を一向に執行しない現地大使（大島とともに、駐伊大使の白鳥敏夫なども含まれる）には昭和天皇も不信感を抱き、現地大使が訓令をそれ以上執行しない場合には、彼らを召還するという念書を三月末に平沼内閣に提出させていた。[*24] それにもかかわらず、ベルリンで大島は、「帝国として独伊と蘇聯（それん）以外の第三国との間の戦争の場合、兵力援助は之（これ）を行うこと条約規定の通り」と、[*25] 明らかに政府方針に反する言質をドイツに与えていた。

大島がこのように独断専行したのは、そうしなければドイツとの同盟を結べないという判断があったためであるのは間違いない。しかし、同時に、議論は兵力援助の問題であり、陸軍が賛同していることが、東京の外務省からの訓令を無視する心理的なハードルを下げていた。

当時の陸軍の方針は、「条約本文に依り帝国は参戦の義務を負うこと当然にして、独伊対英仏開戦に方り帝国の態度を宣明し、且機を逸せず武力援助の意志をも表明すべき」だった。[*26] 日中戦争の長期化により、政治・外交問題化することの多くに戦争が関係するようになると、こうした事項での軍部の政治的介入が増えていく。

首相の平沼騏一郎は、そのような陸軍をコントロールすることができなかった。政治的基盤が脆弱である平沼にとって、陸軍との円滑な関係なくして政権維持は困難だったし、陸軍を非難して陸海軍対立を煽ることで、国内の治安情勢が悪化することを心配していた。[*27]

統帥権の独立が存在しているなかで、内閣にとって日中戦争に関係する軍部の意見の処理は、難しさを増すばかりだった。

米内光政内閣の倒閣

一九三九年九月、ドイツのポーランド侵攻をきっかけに第二次世界大戦が勃発する。平沼騏一郎内閣の後を継いだ阿部信行内閣は「欧州大戦」に不介入方針を表明した。次の米内光政内閣も、米内の「日本は民主主義国家にも独裁主義国家にもなりえず、友好関係の維持のために両国家グループと協力はしつつも、どちらのグループからも離れた立場を取らなければならない」との考えから[28]、対独提携には消極的だった。米内はドイツのような政治経済体制による行き過ぎた統制経済には反対だった[29]。

ヨーロッパの大戦は開戦から一九四〇年春頃までは、大規模な軍事行動が起きない「奇妙な戦争」と呼ばれた。だが、五月に入ると、ドイツは電撃戦により、ベネルクス三国・フランスへ侵攻し、パリを占領した。イギリス・フランス軍はダンケルクから英本土に撤退し、ドイツとフランスとの間で休戦協定が結ばれた。北仏はドイツが占領し、南仏には親独のヴィシー政権が成立する。

こうしたヨーロッパ戦線でのドイツの快進撃は、日本国内でも再び対独提携熱を昂揚させる。ドイツがヨーロッパ大陸を席巻したことで問題となったのが、オランダやフランスが東南アジアに所有していた植民地の処遇だった。独伊との連携を強化し、日中戦争を解決するために、南方への進出を謳った「世界情勢の推移に伴う時局処理要綱」が一九四〇年七月二七日に、大本営政府連絡会議で決定される。

また、ドイツの快進撃に幻惑された日本国内では、ドイツのような政治経済体制の構築が関心を集めた。新党結成の機運が急激に盛り上がり、近衛文麿の枢密院議長辞任によって、いわゆる近衛新体制への期待が高まる。最終的には、近衛新体制を目論んだ陸軍が軍部大臣現役武官制を利用して、米内光政内閣を倒閣した。陸相畑俊六が辞表を提出し、後任の陸相を推薦しなかったのである。

陸軍が米内内閣の倒閣に踏み切った理由は複合的である。ただ、対独提携機運と新体制の実現のどちらを重視したのかといえば、圧倒的に後者だった。陸軍中堅層の米内内閣への不満は、対外政策面よりも、内閣が強力なリーダーシップを発揮せず、総動員体制を確立できないことにあったからだ。[*30] 国民の総動員体制への組み込みによる戦時体制の確立を希望していた陸軍にとって、「バスに乗り遅れるな」をスローガンに米内内閣へ向けられた批判はまたとない機会だった。陸軍内でも、「軍にも毫も積極的意見を有する者なく、国民の声によるにあらざれば妖雲を払い難しと観念しあり」と、[*31] 世論動向を無視できないという意見が存在した。

米内内閣末期、陸軍次官の阿南惟幾は、「米内内閣の性格は独伊との話合いを為すには極めて不便」と考えつつも、[*32] 最終的には「外交は既に四相会議とかいろいろな聯絡で非常にうまく行っているから、外交のことはもう言わないけれども、要するに近衛新体制を現実にするために、引退ってもらいたい」と、[*33] 米内内閣書記官長の石渡荘太郎に申し入れた。

統帥権の独立を背景に日中戦争が長期化し、その解決が難航するなかで、戦争の処理に関係する外交方針にまで軍部、特に陸軍の介入が激しくなっていたことはすでに述べた。ここでみた近衛新体制運動においては、総動員体制を確立して日中戦争の解決につなげたい陸軍が、内閣を倒閣してまで近衛新体制の実現を求めていたことがわかる。日中戦争の処理を動機とした陸軍の政治介入は、とどまるところを知らなかった。

近衛新体制の構築をめぐって

実は、近衛文麿とその側近たちによる新体制構想では、軍人を新体制に組み込むことで、軍部の統制を実現しようとする目算もあった。[*34] 近衛周辺で作成された「新体制要綱」という文書は、「官吏並に陸海軍人も加入し得ること（実際問題として、官吏、軍人の加入は絶対必要なり）」と記している。[*35]

一方、陸軍中堅層、特に陸軍省軍務局長の武藤章らは新体制運動に積極的に関与していたが、統帥権の独立と軍人の政治不関与を理由に、陸軍は新体制運動への正式な参加を拒否した。[*36] 一九四〇年九月一三日に開催された新体制準備会において、第二次近衛文麿内閣陸相の東条英機は次のように述べている。

「軍人に賜りたる御勅諭にもある通り、現役と予備とを問わず、各職場に於て至誠を尽すことを本分とするのであるから、即ち此の新体制理念と一致して居る。只その中核体は強力なる政治力を有することを使命としている故に、其の中に現役軍人が直接関与することは出来ない」[*37]。

陸軍は近衛が強力な指導力を発揮して戦時体制の整備を推進することを期待し、軍部大臣現役武官制を利用して米内内閣を倒閣したが、主観的な意識のもとでは、政治に関与することを自らに戒めようとしていた。実際には政治関与をしていながら、当人たちにその意識がなく、むしろ政治との距離をとるとして統帥権の独立を陸軍は固守したのである。陸軍の実質的な政治関与を抑制することは困難だった。

結局、近衛の新体制運動も、さまざまな骨抜きがなされ、当初構想された強力な政治的リーダーシップを発揮できる体制とは程遠いものに仕上がってしまった。例えば、大政翼賛会は政治結社ではなく公事結社とされた。近衛新体制が独裁的なものとなることへの批判に、近衛が動揺したからである。

近衛自身は近衛新体制を独裁政党にするつもりがなく、政治家・官僚・軍人・国民といった集団が自発的に協力する体制にしたいと考えていた。[*38] つまり、近衛は近衛新体制によって統帥権の独立を変えようとしたわけではなく、人的な連携で「国務」と「統帥」の分離を克服しようとしていたのであり、それすらも失敗したのだ。

分立的な統治構造を統合するリーダーシップを構築できないことで、次章でみるアジア・太平洋戦争期の政治過程は混乱の極みに達する。

第5章 アジア・太平洋戦争下の混乱――一九四一〜四五年

1 対米開戦へ――なぜ海軍は戦争を決意したのか

国策決定過程の場

アジア・太平洋戦争期、「国務」と「統帥」の分離が日本をどのように混乱させたのか。まずこの時期の国策決定過程における場の変遷を概観しておきたい[*1]（表1）。

一九四〇年七月二七日、第二次近衛文麿内閣が組閣直後に復活させた国策決定の場が、「大本営政府連絡会議」である。出席者は首相、陸海外三相、陸海統帥部長（ただし、当時の陸海軍の統帥部長は皇族だったため、次長が随行もしくは代理で出席していた）であり、内閣書記官長と陸海軍省それぞれの軍務局長が幹事を務めた。統帥部への影響力を行使しようとする近衛が、第一次内閣時に組織したものを復活させた会議である。しかし、議題などについては事前に意見の一致と天皇への内奏が必要であり、儀礼的だった。

目的	主な出席者
「国務」と「統帥」の一致	首相、陸相、海相、外相、参謀総長、軍令部総長（統帥部長には次長が随行するか代理で出席）
「国務」と「統帥」の一致	首相、陸相、海相、外相、参謀総長、軍令部総長（統帥部長には次長・一部長随行）
戦争指導態勢の強化	首相、陸相、海相、外相、内相、平沼（無任所相）、参謀総長、軍令部総長（次長）
「国務」と「統帥」の一致	首相、陸相、海相、外相、内相、参謀総長、軍令部総長
国策再検討	首相、陸相、海相、外相、蔵相、企画院総裁、参謀総長・次長、軍令部総長・次長
「国務」と「統帥」の一致	首相、陸相、海相、外相、参謀総長・次長、軍令部総長・次長
戦争指導態勢の強化	首相、陸相、海相、外相、参謀総長・次長、軍令部総長・次長
構成員による自由討議	首相、陸相、海相、外相、参謀総長、軍令部総長
「国務」と「統帥」の一致、決定事項の権威付け	上記出席者に蔵相、企画院総裁、枢密院議長、内相など「勅旨を以て召さるる者」が加わる

省軍務局長、海軍省軍務局長が出席。

そのため、煩雑な手続きなしに定期的に懇談を実施し、連絡を密にして指導体制を強化しようとしたのが、一九四〇年一一月二八日より始まった「大本営政府連絡懇談会」だった。参加メンバーは大本営政府連絡会議とほぼ同様である。ただ、懇談会としつつ、強力な指導体制の構築を目指す近衛は、ここでの決定を閣議以上に効力のあるものとして扱おうとした。しかし、手続き上、大本営政府連絡懇談会で決定された「国策」は、統帥事項を除いて閣議決定が必要だった。そうであるならば、大本営政府連絡懇談会は従来行われていた四相会議（首相・外相・陸相・海相で構成されるインナーキャビネット。蔵相が加わって五相会議となる場合もある）に統帥部を加えたものに過ぎなかったと言える。

表1　日中戦争以降の国策決定機関

会議名	存続期間
大本営政府連絡会議（第１次近衛内閣期）	1937年11月～38年１月
大本営政府連絡会議（第２次近衛内閣期）	1940年７月～11月
大本営政府連絡懇談会	1940年11月～41年７月
大本営政府連絡会議（第３次近衛内閣期）	1941年７月～10月
大本営政府連絡会議（東条内閣期、日米開戦まで）	1944年10月～11月
大本営政府連絡会議（東条内閣期、日米開戦後）	1943年12月～44年７月
最高戦争指導会議	1944年８月～45年８月
最高戦争指導会議構成員会議	1945年５月～８月
（御前会議）	1938年～45年

註記：なお、各会議には幹事として内閣書記官長、陸軍

なお、後述するが、東条英機内閣は組閣直後から大本営政府連絡会議を連日開催し、対米戦の可否をゼロベースで検討する「国策再検討」を行った。そのため、東条内閣期の大本営政府連絡会議は、一時期蔵相も参加し、陸海統帥部からは、総長に加えて次長の常時出席も認められた。

また、以上のような会議とは別に、重要な事項について特別に開催された会議形態として、「御前会議」がある。出席者は大本営政府連絡会議のメンバーに蔵相、企画院総裁、枢密院議長、内相など、「勅旨を以て召さるる者」が加わった。

統帥部は御前会議を「親政」の場として位置づけ、天皇個人のカリスマで国民統合を強化したいと考えていた。だが、実際の御前会議は内閣の管制下に置かれ、議論の場ではなく、政府と統帥部が一致していることを示す儀礼的な場だった。天皇が発言することもほぼなく、新聞発表も厳重に統制されていた。天皇が直接裁定を下すのではなく、天皇が臨御することによって、自然と責任者たちが一致することを示しているに過ぎないものだった。[*2]

国策決定過程の特徴

第二次近衛文麿内閣において大本営政府連絡会議を設置しても、国務大臣が憲法によって保障されている輔弼の権限は強固だった。また、御前会議も儀礼的であり、「国務」と「統帥」の分離を克服して強力な政治的指導力を発揮しようという近衛の目標は達成できなかった。

また、帝国憲法第五五条第一項は「国務各大臣は天皇を輔弼し其の責に任ず」と定めている。「各」という字があることから、国務大臣それぞれが個別に天皇を補佐することが明記されていると解釈される。先述した国務大臣単独輔弼制と呼ばれるしくみである。

つまり、各国務大臣とその下にある各官僚機構は、それぞれの管掌範囲において、憲法に保障された排他的な立案・上奏・執行の権限を持っている。それぞれの機関の業務には容易に干渉できないことから、過度に強力な機関が存在しなくなる。その一方、各機関がそれぞれの組織利害を主張し、国務の統一がきわめて困難になるのだ。帝国憲法体制は「国務」と「統帥」が分離した分立的な構造だが、閣内も分裂しやすいしくみだった。

加えて、大本営政府連絡会議において閣僚として参加している陸相・海相は、その地位にありながら、統帥部の主張を擁護することが多かった。そのため、連絡会議の決定過程において、「国務」と「統帥」が直接対立することはほとんどない。むしろ、政府と軍部の対立は、陸相・海相によって閣内に持ち込まれ、そこで争われる。その結果、政府と軍部との対立は、閣内不一致という形で内閣総辞職を誘発していた。[*3]

このように、各大臣の憲法に保障された輔弼権限は強固であるため、一度意見が対立すると、収拾は困難だった。第三次近衛内閣期における日米交渉過程で、それは顕著に確認できる。

帝国憲法のもと、分立的な統治構造を統合することのできる政治主体を欠き、軍事に対する政治優位の原則を確立することのできなかった日本は、大本営政府連絡会議のような、内閣と統帥部が対等の立場で意見を交換する場しか作ることができなかった。政治と軍事それぞれの専門性を尊重しつつ、対等な立場で意見を交換しているために、「国務」が「統帥」を抑えることなどもできず、大本営政府連絡会議や御前会議は、決定の優先順位さえ議論できなかった。

対米開戦のポイント・オブ・ノーリターン

一九四一年七月、日本はフランス領インドシナ半島南部（南部仏印）に進駐した。対米関係の悪化から、万一の事態に備えて東南アジアの重要資源を迅速に確保できる態勢を整えておこうとするためだった。一方で、陸軍中堅層などは、明確な根拠があったわけではなかったが、南部仏印進駐までなら、アメリカも強く反発しないと考えていた。しかし、アメリカは報復として石油の対日輸出禁止という日本が最も恐れていた経済制裁を決定する。

日本はアメリカに石油の供給のほとんどを依存していた。この時点で、日本の選択肢は、石油確保のためアメリカの要求を認めて中国から撤兵するか、石油の備蓄がなくなる前にアメリカと開戦し、短期決戦によってアメリカを屈服させ、再度石油を確保できるようにするかの二択だった。石油は当時の見積もりでは戦時で一年半分の備蓄しかなく、戦わなくても日々石油の備蓄は減少する。[*4]

第三次近衛文麿内閣は一九四一年九月に帝国国策遂行要領を決定し、一〇月までに対英米蘭戦争の準備をすることとしたが、一〇月となっても近衛は日米交渉の妥結に望みを抱いていた。[*5]一方、陸相の東条英機は、中国からの撤兵は陸軍を崩壊させるとして、強く反対していた。第三次近衛内閣は閣内での意見の違いをまとめることができずに総辞職し、一九四一年一〇月一八日、東条英機内閣が成立する。

中国からの撤兵に反対し、対米戦もやむなしとの意見を表明していた東条だったが、内大臣の木戸幸一らは、東条を責任ある地位に就ければ、戦争を回避できると考えた。[*6]東条の昭和天皇への忠誠心も評価されていた。組閣にあたって東条は、昭和天皇からゼロベースで対米戦の可否を再検討するよう命じられており、それを忠実に実行しようとする。東条内閣は一〇月末から一一月上旬にかけて連日にわたり大本営政府連絡会議を開催し、国策の再検討を行った。しかし、その国策再検討の場で、逆に開戦もやむを得ないという結論に至る。

外務省は最後の望みを託し、一一月中に譲歩案をアメリカと交渉しようとしたが、アメリカからもたらされたハル・ノートによって交渉の打ち切りを決意した。

以上の対米開戦の決定過程において、統帥権の独立や国務大臣単独輔弼制によって構成される分立的な統治構造をとっていた日本では、どの機関の決定が重要だったのだろうか。

近代日本においては、多くの場面で陸軍は非常に強い影響力を保持していた。戦争が総力戦となるに従って、軍の管掌範囲は拡大し、政治的発言力が強化された。しかし、それでも陸軍は、権限がない領域に干渉することはできなかった。

アメリカとの交渉過程は外務省がすべて取り仕切っていた。駐米大使こそ海軍出身の野村吉三郎だったが、その野村も外相の指示を受ける立場であり、東京からの訓令を忠実に執行する。アメリカの要求する中国大陸からの撤兵に、陸軍は強硬に反対していた。しかし、だからといって陸軍が対米戦を決定できたわけではない。アメリカとの交渉に期待が持てるかどうかは、外務省のみが判断できた。

外交大権を輔弼する外務省は、一九四一年一一月末にアメリカからのハル・ノートによって、日本の要求がアメリカに受け入れられることはあり得ないと悟り、対米交渉をあきらめる。しかし、なぜ外務省がその時点で交渉をあきらめることができたのであろうか。

それは、当時、海軍がすでに対米戦を決意していたからである。対米戦争を実質的に遂行するのは陸軍ではなく海軍だった。もし、海軍が対米戦はできないという立場であれば、ハル・ノートを受け取った外務省やその他の政治主体は、日本側の要求の縮小を議論しなければならなかったはずだ。そうならずにハル・ノートによって対米交渉をあきらめることができたのは、海軍がその時点で対米戦を決意していたからである。

つまり、海軍が対米戦を決意した一九四一年一〇月三〇日が、日本の対米開戦の実質的なポイント・オブ・ノーリターン（引き返し不能点）だったと言える。

管掌範囲認識の違い

では、なぜ海軍は対米戦を決意したのだろうか。そこには、海軍とそれ以外の政治主体の管掌範囲のズレがあった。

海軍は開戦後一年から二年間の短期間の軍事行動までが、海軍の単独で責任の持てる範囲と認識していた。連合艦隊司令長官の山本五十六による、「それは是非やれといわれれば、初め半歳〔ママ〕か一年の間は随分暴れて御覧に入れる。然しながら、二年三年となれば全く確信は持てぬ」という発言はよく知られている。*7

山本、ひいては海軍がそのような発言をしたのは、開戦後一年程度の時期までは事前に立案した作戦計画を実行するだけだが、戦争が総力戦となる以上、二年目以降は日本が動員し、海軍が使用できる資源によって、海軍の行動が変わらざるを得ないと考えていたからだ。つまり、国力の問題を含む戦争全体の見通しについて、海軍は単独では決定できないと考えていた。

実際、海軍次官の沢本頼雄は、「海軍は国民がついて来れば何所迄も戦うべきも、資材の尠き、武力疲憊せる状況にて、よく持久し得るや疑問なり〔中略〕避戦は国力の問題なり」と述べている。*8

また、軍令部総長の永野修身も海軍の任務を「国防方針に基く西太平洋に於る国防の安固を維持」することに限定して捉え、対米戦全体の可否は「国力の問題」として、同じく海軍単独では決定できないと考えていた。[*9]

一方、首相の近衛文麿や陸軍は、対米戦については、海軍が全面的な意思決定をすることを求めていた。海軍は一九〇七年の帝国国防方針策定以来、長年にわたって対米戦についての作戦計画を練っていた。そのために十分とは言えないながらも、多額の予算が海軍に振り分けられてきた。対米戦は海軍の管掌する事項である以上、戦争の見通しや可否も、最終的には海軍が決定すべきと考えていたのである。

近衛は陸海軍に「完全に成算ありとの意見一致」を求めていた。[*10] 軍人でないものは対米戦が可能かどうかの判断を下すことはできない。国家に軍部が戦争を要求するのであれば、完全に成算があることを軍部は示すべきというのが近衛の認識だった。

近衛が陸海軍の一致を求めたのに対し、陸軍は対米戦の主役が海軍である以上、すべて海軍が決定すべきと主張していた。陸軍省軍務局長の武藤章は、「海軍が戦が出来ないと云えば其れで済むのだ」と発言している。[*11] また、陸軍出身で企画院総裁を務めていた鈴木貞一は、「海軍が戦争出来ないとならば、陸軍は止める。又、海軍が外交で行くと総理が言えば其れにて可なりと云っても、陸軍はそれで納得いくと云って居る」と述べていた。[*12] いずれも、対米戦の決定を回避しようとする海軍を批判し、対米戦を海軍ができないと言えば、それに不満はあっても陸軍はその決定を尊重するという内容である。

対米開戦の決定過程においては、対米戦が可能かという点は驚くほど議論されていない。そのかわりに、総力戦の時代において、誰が国力の総合判断を下し、戦争を決定することができるのかという決定者をめぐる議論が中心となっていた。海軍は国力全体の問題は海軍単独では判断できないと主張し、海軍以外の政治主体は、主管者である海軍が判断すべきと主張していたのだ。

元老や政党といった統合主体が不在となり、日中戦争が始まってからも、「国務」と「統帥」の分離の克服はできないままだった。そのため、総合的な判断を下す役割を定めることのできなかった日本は、対米戦が可能かどうかよりも、誰が決定を下すのかという官僚的な合理性のほうに議論を集中させていたのだ。

日中戦争勃発直後やトラウトマン工作のときもそうだったが、管掌範囲をめぐる駆け引きが起きると、各政治主体の関心はそこに集中し、大局的な議論ができなくなってしまう。そして、管掌範囲の問題が解決すると、課題そのものの検討が十分に行われていなくても、議論が終結するのだ。海軍の対米開戦決意は、次にみるようにそのような状況から生まれたものだった。

海軍の対米開戦決意

東条英機内閣が成立した直後、一九四一年一〇月二三日から行われた大本営政府連絡会議では、各省と統帥機関は所管するデータ・情報を持ち寄って、対米戦の可否を再検討しようとした。しかし、楽観的な見通しの資料が非常に多く、対米戦が可能という希望を持たせる議論となる。そして、最終的な決定者を曖昧にしたまま、全体的に対米戦は可能であり、やむを得ないとの雰囲気が醸成されていった。

海軍は対米戦がきわめて困難なことは認識していた。しかし、大本営政府連絡会議において、国力の総合判断として決定者が曖昧な状態で対米戦が可能であるとの雰囲気が作り出される。海軍はその雰囲気を、国家諸機関全体による決定だと考えた。

東条英機内閣海相の嶋田繁太郎は、「自分は場末の位置より飛び込み、未だ中央のこともよくわからざるも、数日来の空気より綜合して考うるに、この大勢は容易に挽回すべくも非ず」[13]や、「自分は今の大きな波は到底曲げられない」と発言していた。[14] いずれも、会議全体の雰囲気に海軍の決定が影響を受けていたことを示している。

日米開戦の決定的な要因は、国際関係よりも実際は日本国内の意思決定過程の特徴、つまりは分立的な統治構造という制度にあったと言える。曖昧ながら全体的な決定が行われると、海軍はあっさりと対米戦を決意したからだ。

統帥権の独立という慣行的制度では、元老などといった統合主体がいないと、戦争決意を誰が行うのかという議論を生み、それによって対米開戦そのものの議論は深まらなくなる。誰が国力の総合判断を下して戦争を決定するのかという議論は、各機関の責任を曖昧にする会議という場において醸成された雰囲気により、海軍が対米戦を決意せざるを得ない状況を生み出してしまったのだ。

軍部大臣という特殊な地位

近代を通じて日本は、軍部大臣の管掌範囲を軍政と軍令双方を含むものとして整理してこなかった。加えて、日中戦争が勃発してから特に課題として意識されるようになった「国務」と「統帥」の分離について、それを制度的に克服しようと試みつつも、軍事の論理に対する政治的決定の優位という原則を確立することができなかった。政治と軍事とが対等な立場で大本営政府連絡会議などに同席するという儀礼的なかたちでしか「国務」と「統帥」の一致を表現できなかったのである。

軍部大臣の管掌事項のなかに軍政と軍令の両方が含まれ、かつ政治的決定の優先という原則を確立できないと、軍令機関の要求・要望が軍部大臣を通じて閣内に持ち込まれることになり、それによって内閣の機能不全が起きる。第三次近衛文麿内閣の総辞職などはその典型だろう。

中国からの撤兵というアメリカの要求に、第三次近衛文麿内閣陸相の東条英機が「撤兵を看板とせば、軍は志気を失う。志気を失った軍は無いも等しいのです」[*15]と、陸軍の統制を理由に反対した。満洲や中国大陸に日本が持つ利権は、膨大な犠牲を払って確保してきたという認識があり、軍の士気の維持という完全な軍内部の問題までもが国家存立のためとして語られていた。軍部は自らを国家の要諦と任じているため、軍の問題を国家存亡の問題と結びつけてしまい、国家全体を不合理へと引きずりこんでいた。そして、軍内部の問題は、閣内で主張され、交渉が暗礁に乗り上げる一因となった。

海軍の場合は、一九四一年一〇月六日に、軍令部総長の永野修身から海軍省首脳部に対して、

「monsoon〔モンスーン〕」の為一一月末ともならば、作戦困難となる故、その時期の失せざる様にせざるべからず」と述べている。永野は作戦地域の気象条件から、交渉にタイムリミットを要求し、対米交渉の継続を主張する海軍省首脳の気勢を削いでいた。[*16]

軍内部の問題が軍部大臣を通じて内閣の機能不全を引き起こすという傾向は、戦争末期にさらに深刻なものとなっていく。

2　陸・海相の統帥部長兼任——総力戦下の戦争指導

閣僚と統帥部長兼任の問題

アジア・太平洋戦争は、一九四一年一二月八日に日本のマレー半島への上陸作戦と真珠湾奇襲攻撃で始まった。日本は開戦から半年程度で東南アジア全域をほぼ手中に収めた。しかし、一九四二年六月のミッドウェー海戦や、八月以降のガダルカナル島の攻防戦において、大量の船舶を喪失し、苦境に立たされることになる。

東条英機は、緒戦の勝利とマスメディアを前にした巧みなパフォーマンスによって国民から支持されていた。[*17]昭和天皇も東条を比較的高く評価していた。[*18]

しかし、国家総力戦のもとでの戦局の悪化は、軍需生産をめぐる対立へと直結する。陸軍省は後方持久戦思想を有していたのに対し、海軍軍令部は前方決戦思想を抱いていた。航空機の資材配分をめぐって内閣は瓦解寸前となり、国内体制の分裂をつなぎとめるために、一九四四年二月に、首相兼陸相の東条英機が参謀総長を、海相の嶋田繁太郎が軍令部総長を兼任することになった。昭和天皇もその措置を支持した。[*19]

この軍部大臣が統帥部長のトップを兼ねる異例の措置に、軍部は強く反発した。陸軍内には違憲論もあった。[*20]

陸軍では、参謀総長の杉山元は東条へ「若し大臣が兼任するのでは、今日まで永年伝統の常則を破壊することになる」と指摘したうえで、「一人の人間が二つの仕事をするときに、どうしても相背馳するときいずれを重しとするか」と問い質すと、東条は「いや、その点御心配全然なし」と受け流した。さらに、杉山は「これが例になり、将来今度のことに藉口して首相が総長を兼ねることとなる虞れあり」と指摘し、東条は逆に「いや、そんなことはない。自分は大将、参謀総長も現役の大将、その両者を兼ねる。現役以外のものには出来ないではないか」と主張していた。[*21]

そのやり取りにおいて、杉山は政治と軍事の衝突が起きた際に、政治優先で解決されることを懸念していたと言える。首相が参謀総長を兼任することが将来的にも起こり得ることを心配していたのは、そのためである。

しかし、戦局の悪化と物資の配分をめぐって、内閣と軍令機関の要求が衝突しているのを、東条は統帥部長の兼任によって解決しようとしていた。また、東条が現役の陸軍大将であることを強調したのは、軍人ではない文官が首相として、統帥権の独立という慣行的制度を改革しようとすることに口実を与えるという杉山の懸念に対してである。一九三〇年代に入ってから、軍部の政治的台頭によって、しばらく見られなかった「軍事の特殊専門意識」は、この軍部大臣の統帥部長兼任によって統帥権の独立が危機に晒されていると感じた杉山の発言の前提となっていた。

海軍では、海相である嶋田の軍令部総長の兼任に反対していた高松宮宣仁が、海軍内で絶大な影響力をもっていた伏見宮博恭に対して、嶋田の軍令部総長兼任を止めるよう手紙を出していた。[*22]

参謀総長の杉山は、軍部大臣の統帥部長兼任に反対するために、昭和天皇へ単独上奏も試みている。だが、昭和天皇からは逆に次のように説得をされた。「お前の心配の点は朕もそう思った。東条にその点は確かめた。東条もその点は十分気をつけてやると申すから安心した。今お前もいう通り十分気をつけて非常の変則ではあるが、一つこれで立派にやって行く様協力して呉れ」。[*23]

日本の統治機構の課題でありながら、何度も改革に失敗し、強固な制度であるかのように思われ

東条英機

嶋田繁太郎

ていた統帥権の独立は意外にも脆いものだった。

この統帥部長兼任問題で参謀本部が抵抗するためにできたことは単独上奏のみだった。統帥権の独立の牙城とみられていた参謀本部は、天皇の信任がなければその独立を維持することはできなかったのである。[*24]

東条英機内閣の倒閣運動

参謀総長・軍令部総長という統帥部長を東条・嶋田が兼任したことにより、軍令機関は政変を回避するために、東条・嶋田の要求を容れざるを得なかった。国家総力戦のもとでは、物資動員の問題は内閣への不満となるが、戦争の真っ只中で内閣が総辞職することを軍令機関は懸念しており、政変を回避するためには物資に対する要求で軍令機関も一部妥協を余儀なくされていた。[*25]

海軍では、戦局を挽回できず、東条に追随するかのように映る海相の嶋田繁太郎に反感が募っていた。連合艦隊司令長官の古賀峯一(こがみねいち)は、「嶋田は大臣として不適」とはっきり批判していた。[*26]しかし、海軍内部で不満を持つグループも、政変が戦局に与える影響や、その責任を海軍に帰せられることを恐れて、倒閣までには踏み込めなかった。

前軍令部総長の永野修身は、海相による軍令部総長の兼任について、「制度としては反対だ。然(しか)し自分の身上に関することで自分が反対すれば内閣にひびを入れることになるから承知した」と述べている。[*27]また、のちに東条英機内閣の倒閣運動を展開する海軍省教育局長の高木惣吉(たかぎそうきち)も、倒閣運動の実施を求めていた東京帝国大学法学部教授の矢部貞治（やべていじ）らに、「決戦に臨んで政局の変更も困る」と、消極的な姿勢を見せていた。[*28]

このように、東条と嶋田は統帥部長を兼任したことによって、軍部内の物資動員への不満や、戦局悪化への危機感を、政変を盾に抑制できるようになる。だが、それでも一九四四年六月頃から、東条倒閣運動が盛り上がっていく。それはなぜだったのだろうか。

そもそも、東条内閣期における対立の政治的争点は非常に曖昧だった。近衛文麿、岡田啓介、平沼騏一郎、米内光政、若槻礼次郎、広田弘毅といった重臣たちは東条内閣の政治運営と戦争指導のあり方に以前から不満を抱いていた。一九四四年六月に東条内閣がサイパン島を放棄したことを契機として、重臣たちの不満は倒閣運動に発展する。一方、戦局の挽回を目指していた海軍中堅層は、東条に追随しがちな海相の嶋田の更迭だけを求め、政変は望んでいなかった。

重臣と海軍中堅層の東条内閣への不満は論点を異にしていたが、嶋田ら海軍首脳部はそれを東条内閣に対する不満として一括して対応することとした。嶋田ら海軍首脳部が高木惣吉と岡田啓介に圧力をかけたことにより、海軍中堅層と重臣の動きは合流し、海軍中堅層も倒閣を目指すことになる。[*29]

倒閣運動が激しくなるなか、政変を回避したい嶋田は、一九四四年七月に海相を野村直邦に譲り、軍令部総長専任となった。しかし、東条は昭和天皇や内大臣の木戸幸一の要求以上に、重臣を内閣に包摂し、内閣の指導力を強化しようとする。[*30]だが、重臣は東条内閣に入閣しないことを申し合わせており、内閣強化に失敗した東条は総辞職を選択せざるを得なくなった。

二元構造がもたらす混乱

東条英機内閣における軍部大臣の統帥部長兼任は、統帥権の独立を曖昧なものとした。それまで内閣の批判に結び付くことのなかった作戦指導への不満が、倒閣に結び付いたからだ。

総力戦体制下では、そもそも「国務」と「統帥」を明確に区分することは困難だ。戦局の悪化は物資の問題を強烈に意識させ、戦局の挽回のためには、「国務」と「統帥」の二元構造の克服を考えるのは、自然のことだった。

東条内閣が戦局挽回という目標のために、天皇の東条への信任を盾に軍部大臣の統帥部長兼任という手段で「国務」と「統帥」を一元化すると、十分な意思統一が図られていなかったために、それぞれの体制観の相違から大きく紛糾した。東条が問題視し、その克服を試みた「国務」と「統帥」の二元構造は、参謀総長の杉山元にとっては所与の前提であり、維持しなければならないものだった。

近代日本のなかで、軍が政治的に劣位にあった際に、しばしば「軍事の特殊専門意識」が軍の組織利益防衛のために唱えられたことは本書で何度も見てきた。そのたびに軍は頑(かたく)なな姿勢をさらに強めてきた。さらに、東条・嶋田の統帥部長兼任によって統帥権の独立問題は紛糾する。だからこそ、陸軍は戦局が極度に悪化したなかでも、後述するように、小磯国昭(こいそくにあき)内閣期においては、首相の陸相兼任にも消極的となっていた。

その一方で、陸軍は決戦態勢の強化のために、次にみるように、管掌領域を拡大させようとすることもあった。あるときは「国務」と「統帥」の二元体制に固執し、またあるときはその体制を克服しようとする陸軍は、戦争末期の政局をさらに混乱させていく。

小磯国昭内閣における不協和

東条英機内閣の総辞職によって、一九四四年七月に組閣の大命は予備役陸軍大将であり、朝鮮総督を務めていた小磯国昭に下った。東条内閣の倒閣運動を展開した重臣と海軍中堅層は、即時和平を求めていたわけではなく、少しでも有利な条件で講和をするため、戦局の挽回を求めていた。東条内閣の後を継いだ小磯内閣も、戦争を継続し戦果を求める。

小磯国昭

東条内閣では、軍部大臣が統帥部長を兼任することによる戦争指導体制の強化は失敗した。そのため、小磯は一九四四年八月に大本営政府連絡会議を改組し、最高戦争指導会議を設置する。小磯はその理由を、「仮に小磯が如何なる身分に於てするにせよ、此の大本営会議に列しましても、私が庶幾するような自由奔放な放談或は議論を申述べることを許されないと考えました」、「従来の大本営政府連絡会議を更に簡素強力に、尚且つ大所高所から権威ある決定に落着き得るような組織にして戴くことが、最も切要であると云うことを考えました」と述べている。[*31]

小磯は、従来の大本営政府連絡会議で「国務」と「統帥」の分離はある程度まで克服できていると認識していた。その一方で、トップダウン型の強力な戦争指導体制を構築することを目指したのである。

しかし、実際は「国務」と「統制」の二元体制をめぐって対立は顕著だった。統帥権の独立は軍部のみが主張していると考えられがちだがそうではない。たとえば、小磯内閣外相の重光葵は、以下にみるように「国務」と「統制」の二元体制を主張していた。

小磯内閣期において、小磯国昭や参謀本部は、決戦態勢を強化するため、軍の機関と政府機関の一元化を主張していた。たとえば、「大東亜」地域において、大使を軍司令官に兼任させようとしていた。[*32]

それに対して重光は、外交大権の輔弼者としての自覚をもち、外交一元化を志向していた。[*33] 外務省は「大東亜」地域における脱植民地化や民族自決を推進し、大西洋憲章を相対化するとともに、その類似性を梃子に連合国との和平を構想していた。[*34] 重光はそのため、外相を務めながら大東亜相を兼任していたし、後述する小磯周辺が進めていた和平交渉である繆斌工作にも反対していた。

重光は「軍は軍、政府は政府、各々其の筋途を立てて協力する所に能率は上り得る」と主張する。[*35] そのうえで、重光は「軍、政、機関の一元化問題は原案より撤回せられ度」いと主張していた。[*36] 専門家意識は武官だけではなく、文官も持つものだった。

小磯国昭内閣の総辞職

一九四五年四月に小磯内閣は総辞職するが、その最大の要因は、繆斌工作の失敗である。[*37] 小磯と情報局総裁だった緒方竹虎(おがたたけとら)は、国民政府と連絡のあるとみられていた繆斌を媒介に国民政府との和平交渉を進めようとしていた。

一九四五年二月下旬に小磯から繆斌の東京招致に同意を求められた副総理格である海相の米内は、外相の重光葵と陸相の杉山の二人が同意であればよいと答えていた。[*38] しかし、後日、重光がこの工作に反対と知った米内は、「一国の総理が彼れの如(ごと)きものを招きて談をするのは余りに無謀である」と繆斌工作にきわめて消極的な態度を示した。[*39] この米内の態度の急変には、小磯も「そういう君の意見は今、始めて聞くね」と不満を露わにしている。[*40]

米内が管掌範囲に敏感で、特に外交分野では主管大臣を尊重する傾向の強かったことは、トラウトマン工作のところでも述べた。ここでも米内のその特徴が出ている。繆斌は東京に招致されたものの、小磯は和平工作を断念せざるを得なかった。

求心力の低下した小磯は、陸相のポストを兼任することで、政変の危機を回避しようとした。だが、陸軍にその要求が容れられなかったために、小磯は政局・戦局運営の見通しを失い、総辞職を決意する。[*41]

そもそも小磯内閣は、小磯と米内光政の連立政権とでもいうべきものだった。だが、米内が現役に復帰して海相に就任したのに対し、小磯の現役復帰は陸軍の反対によって実現しなかった。陸相の杉山が本土決戦準備のために新設される第一総軍司令官に転出するに及んで、小磯は現役への復帰と陸相の兼任を要求したが、陸軍の三長官会議は阿南惟幾を陸相に推薦する。万策尽きた小磯は、四月五日に昭和天皇に辞表を提出した。

東条内閣において、軍部大臣の統帥部長兼任が実現したのは、昭和天皇の東条への篤い信頼があったためである。そうした特異な条件がなければ、予備役からの現役復帰と陸相就任という小磯の前例がない要求は受け入れられず、戦局が極度に悪化しているという危機的状況のなかでも、陸軍三長官会議の推薦という通常のプロセスが維持されたのだ。

3 ポツダム宣言受諾時の混沌

鈴木貫太郎内閣の成立

一九四五年四月五日、組閣の大命が元侍従長で退役海軍大将の鈴木貫太郎に下った。

鈴木は陸海軍や重臣から幅広く支持されていたが、鈴木内閣の成立を支持した集団の意図が一致していたわけではなかった。陸軍は戦争の完遂や、陸軍が考える本土決戦準備策の実現を協力の条件としていた。[*42] 重臣は個々人では和平交渉の必要性を認識していたが、お互いに相手の意図を十分に読み取ることができていなかった。たとえば、平沼騏一郎は和平交渉の必要性を認識していながら、その発言のわかりにくさから、周囲からは本土決戦を推進しているかのように捉えられていた。[*43]

連合国との和平交渉の際に、少しでも条件を有利にするために戦果を求めた鈴木内閣は、組閣後もしばらくは戦争の継続に邁進する。鈴木内閣は、三月末から始まった沖縄戦に期待をかけた。

しかし、一九四五年五月上旬にはドイツが連合軍に無条件降伏した。また、沖縄の戦況も悪化、五月二九日には首里城が陥落し、軍司令部が占拠された。組織的な戦闘は不可能となり、沖縄での戦闘は各地の部隊が現地住民を巻き込んだ悲惨なものとなっていた。

そのような状況下で、六月八日の御前会議で「今後採るべき戦争指導の基本大綱」が決定される。沖縄戦の敗北が決定的であるにもかかわらず、「七生尽忠の信念を源力とし、地の利、人の和を以て飽く迄戦争を完遂し、以て国体を護持し、皇土を保衛し、征戦目的の達成を期す」と戦争継続を強く訴えていた。

鈴木貫太郎

陸相の阿南惟幾ら陸軍首脳部は、五月中旬に九州を視察し、本土決戦の準備に一応の区切りをつけ、[*44]「今後採るべき戦争指導の基本大綱」は本土決戦の決意を誇示していた。

一方、外相の東郷茂徳は「今後採るべき戦争指導の基本大綱」の内容に反対する。会議後に東郷は海相の米内光政に不満を述べたところ、米内は「今日の所ではあれ位のものは仕方がないではないか」と応酬した。[45] 米内は五月末に沖縄戦の大勢が決した段階で和平交渉の必要を意識していたが、[46] 鈴木内閣の閣僚たちは、和平交渉の必要性を認識していても、お互いの意図を十分に摑めておらず、本土決戦を主張する陸軍を説得する見通しも持てないでいた。

木戸幸一の和平工作と管掌範囲の問題

木戸は、「今後採るべき戦争指導の基本大綱」には、内大臣の木戸幸一が強い危機感を抱いていた。木戸は、戦争が圧倒的不利のまま長期化することで、「国体」が崩壊すると考えたからだ。

木戸は六月八日の御前会議終了後、「時局収拾の対策試案」を起草する。木戸は戦局や国内の状況から、戦争の早期終結が必要と判断していた。そのためには、軍部が和平を提唱し、内閣がそれを実行する必要を考えていたものの、鈴木内閣の現況ではとても不可能であるので、時機を失してしまい、「皇室の御安泰、国体の護持てふ〔という〕至上の目的すら達し得ざる悲境に落つること」を憂慮していた。[47] この木戸が、政府を和平交渉へ転換させようと試みる。

内大臣である木戸は、天皇の権威のもと、国家意思の決定に強い影響力を持っていた。しかし、実際の政策の執行権は内閣にある。自らの意見を政策に反映させるためには、内閣との合意形成が必要だった。しかし、政治的権限のない内大臣が閣外から関係閣僚全員との意見調整を行うことは、きわめて難しい。木戸には閣内で木戸の考えに同調して意見調整を行う協力者が必要だった。

一方、先述したように、沖縄戦の帰趨(きすう)が決まった段階で、海相の米内光政も和平への転換を考慮するも、閣内では陸軍の強硬な主張と鈴木の曖昧な発言によって、和平への転換に踏み出せずにいた。加えて、米内はそもそも軍人が和平への転換といった政治的決定に介入すべきではないと考えていた。

米内は「自分は軍人と云うものは作戦統帥のカラに入りて専念之に従うを本旨とすと考え居り、政治は文官が当るが至当なり」、「軍は要するに作戦に専念すべきものなり。元来軍人は片輪の教育を受けて居るので、それだからこそ又強いのだと信じて居る。従って政治には不向なり」と述べている[*48]。米内は和平への転換が必要と考えつつも、自分からそれを提起するわけにはいかなかった。

米内が言う「政治家」の定義はやや曖昧だが、米内が木戸のことを「政治家」とみていたことは間違いない。そのため、木戸から和平交渉への転換を持ちかけられると、米内はそれに同調していく。

木戸幸一

このように、戦争末期に至っても政治主体の態度決定には、それぞれの管掌範囲認識が強く影響していた。非常事態という状況下、木戸が意識的に管掌範囲を踏み越えることで、日本はようやく和平交渉への舵を切ることになる。

外相の東郷茂徳は、六月一五日に木戸と会見した際には、「最近御前会議にて強硬なる決定のなされたる許りなるを以て、之との関係を如何にするや、事務的に見れば外務省としては中々（なかなか）困難なる立場なり」と述べている。[*49] つまり、東郷は六月八日の御前会議決定に拘束され、和平推進に消極的だった。そのため、米内が木戸をサポートしつつ、鈴木との意見調整を行って東郷の同意を取り付けていく。[*50]

閣内で懸案となっていた陸相の阿南惟幾の説得は木戸が担った。木戸と阿南の意見の隔たりは大きかったが、最終的に木戸が「陛下も最も御軫念被遊（ごしんねんあそばされ）」ていると、天皇の権威を持ち出して説得し、阿南の同意を取り付ける。[*51]

その結果、六月二二日の御前会議において、日ソ中立条約によって日本と戦争状態にない唯一の大国であるソ連に、連合国との和平交渉の仲介を依頼することが決定する。日本はここにようやく和平交渉へと舵をきる。

ポツダム宣言と意見対立

しかし、ソ連に日本と連合国との和平を仲介するつもりはなかった。ソ連はすでに一九四五年二月のヤルタ会談で、アメリカからドイツ降伏後三ヵ月以内の対日参戦を要請され、それを受諾していた。四月には、日ソ中立条約の不延長も日本に通告している。そのため、ソ連は日本からの和平交渉の仲介依頼に、明確な回答を与えずに時間を稼ぎ、対日開戦準備を進めていた。

日本はそのようにソ連からの回答が遷延（せんえん）していたとしても、望みはソ連にしかなく、ひたすら回答を待ち続けることになる。七月二六日に連合国が日本に無条件降伏を勧告したポツダム宣言が発表されても、ソ連からの回答を待つ日本は、ソ連との交渉に望みを託してポツダム宣言を「黙殺」した。

日本の姿勢は、八月六日に広島へ原子爆弾が投下されても変わらなかった。原子爆弾は甚大な被害をもたらしたが、それでも八月八日まで、政府・軍首脳部はソ連からの回答を待ち続けた。[*52]

八月八日二三時（モスクワ時間一七時）、モスクワで駐ソ大使の佐藤尚武（なおたけ）がソ連外相のモロトフより対日参戦宣言を手交された。極東ソ連軍は八月九日未明、満洲への侵攻を開始する。

ソ連の対日参戦の情報は八月九日の早朝には軍・政府首脳のもとに届いている。九日の一〇時三〇分から宮中で最高戦争指導会議構成員会議が開催された。そして、会議の冒頭で、ソ連を仲介とした和平交渉構想が崩壊したことから、ポツダム宣言を受諾することが合意される。その直後、長崎に原子爆弾が投下された情報が会議にもたらされた。

最高戦争指導会議構成員会議の参加者全員は、軍首脳部も含めて、ポツダム宣言の受諾による降伏自体に反対していたわけではない。しかし、それでも議論は長引き、最終的にポツダム宣言の受諾を決定したのは八月一四日である（表2参照）。それは、「国体護持」の確信度をめぐって議論が紛糾したためだ。

首相の鈴木貫太郎、外相の東郷茂徳、海相の米内光政は「国体護持」のみの条件でポツダム宣言の受諾を容認していた。彼らの立場は、即時降伏派や一条件派と表現されるべきものだろう。

一方、陸相の阿南惟幾、参謀総長の梅津美治郎、軍令部総長の豊田副武（とよだそえむ）はポツダム宣言だけでは

表２　終戦時のタイムスケジュール

日付	時刻	内容
8月9日	10：30〜13：30	最高戦争指導会議構成員会議
	14：30〜17：30	第1回閣議
	18：30〜22：20	第2回閣議
8月10日	00：03〜02：25	第1回御前会議
8月12日	00：45〜	バーンズ回答
	15：20〜17：20	皇族会議
	15：00〜17：30	閣議
8月13日	09：00〜10：00	最高戦争指導会議構成員会議
	10：30〜15：00	最高戦争指導会議構成員会議
	16：00〜19：30	閣議
8月14日	11：02〜11：55	第2回御前会議
	23：25〜24：05	玉音放送録音

「国体護持」はできず、自主的武装解除、戦争犯罪人の自主的処罰、保障占領の範囲極小化により、軍隊を保全することで「国体護持」が可能となると主張していた。これらの条件が受け入れられなかった場合には、本土決戦を行うべきであるとも主張した。そのため、彼らは降伏反対派や本土決戦派と表現するよりも、即時降伏反対派や四条件派と言えるだろう。

即時降伏反対（四条件）派が懸念していたのは、武装解除、戦争犯罪人の処罰、保障占領が盛り込まれていたポツダム宣言を無条件に受諾することで、軍が反発し、収拾のつかない事態に陥ることだった。

その点、海相の米内は「部内が分裂することは私の責任としてまことに重大であるが、然し悲観もしない。大したことにはならぬと看て居る」と楽観していた。[*53] しかし、陸相の阿南、参謀総長の梅津、軍令部総長の豊田は、軍事力の管理者として、楽観できなかった。阿南は「百万の軍の進退である」、「支那にある軍隊の立場を思うと、死中活を求める外がない」、「どうしても武装解除と占領については内外に対し陸相として責任はもてない」と述べていたし、[*54]豊田は「敵側の条件では統率上甚だ困る」と述べている。[*55]

軍事の領域の判断を下せるのは、専門家である彼らだけである。これが近代日本の伝統であり、軍事の専門家である即時降伏反対（四条件）派の主張が、軍の管理に関するものであったがゆえに、その主張を軍外の政治主体が覆すことは容易ではなかった。

処理方針の過誤と第一回「聖断」

内大臣の木戸と昭和天皇は、問題を当初、「国務」と「統帥」の分離として考えていた。つまり、外相である東郷が即時和平を主張し、軍部が本土決戦を主張しているという図式で捉えていた。そもそも、軍内部の統制という問題は、国家方針ではなく陸海軍大臣と両統帥部長に任せるべき問題である。内大臣などが本来関われる問題ではなかった。

そのため、八月九日深夜に始まった御前会議において、昭和天皇は「国務」と「統帥」の分離を調整し、「国務」に重点を置き降伏を決定するというニュアンスで「聖断」を行った。

まず、昭和天皇は「外相案を採」ると発言したうえで、「陸軍大臣の言う所に依(よ)れば、九十九里浜の築城が八月中旬に出来上るとのことであったが、未だ出来上って居ない。又、新設師団が出来ても之(これ)に渡す可(べ)き兵器は整って居ないとのことだ。之ではあの機械力を誇る米英軍に対し勝算の見込なし」と指摘した。つまり、本土決戦準備の不備を指摘したうえで、外相案の採用を宣言している。昭和天皇は問題を即時降伏か本土決戦かで捉えていた。

そのうえで、昭和天皇は、「朕の股肱たる軍人より武器を取り上げ、又朕の臣を戦争責任者として引渡すことは之を忍びざるも、大局上明治天皇の三国干渉の御決断の例に倣い、忍び難きを忍び、人民を破局より救い、世界人類の幸福の為に斯く決心したのである」と述べた。[*56] 武装解除や戦争犯罪人の処罰について言及してはいるが、特別対処すべき問題とはみなしておらず、「国務」の主張である即時降伏と「統帥」の主張である本土決戦とを秤にかけ、前者を優先すると判断したのである。

しかし、そもそも即時降伏反対（四条件）派も、ポツダム宣言受諾による降伏そのものには反対していない。その点での「国務」と「統帥」の判断は一致している。ポツダム宣言をそのまま受諾することで、軍が暴走するか否かという判断は、軍事専門家集団であり、軍事力の管理者である軍首脳部だけが下すことのできるものだった。

ポツダム宣言受諾時の論争は、降伏すべきか否かという国家の進路をめぐる対立ではない。本来は国家方針を定めた後の段階である軍内部の統制という執行過程の問題をめぐっての対立だった。その問題が、国家方針の策定に侵食していたのだ。「国務」と「統帥」の分離を「国務」を優先するという決定で処理できるのは、国家方針をめぐる問題までである。軍内部の統制は「統帥」の範囲と考えられていた。そのため、第一回の「聖断」は議論を収束させる効果を持たなかったのである。

第二回「聖断」と終戦

その後、連合国からの正式回答がもたらされる前にサンフランシスコ放送で八月一二日の〇時四五分から放送されたいわゆるバーンズ回答を議論するなかで、「国体護持」に疑念が起こると、再び議論が紛糾する。

ポツダム宣言受諾の方針では合意しながら、その執行方法をめぐって意見が対立している場合、通常であれば閣内不一致で内閣は総辞職するしかない。閣内の各大臣はそれぞれ自己の預かる領域で独占的に立案・決定・執行の権限を有するため、執行方法での対立が解消されることは、当人たちに妥協の意思がなければ、基本的には見込めないからだ。ところが、状況は切迫し、首相の鈴木貫太郎どころか、陸相の阿南惟幾ですらも内閣総辞職を考慮していなかった。こうなると帝国憲法体制下における国家意思決定機能は麻痺してしまう。

間に立つことが可能な内大臣の木戸も、第一回「聖断」後は「陛下の勅裁で漸く平和終戦の途が付いた。之を如何に措置して行く位は責任者たる政府でやるべきだ」と述べ[*57]、軍部の執行過程の問題への介入は避けていた。そのうえで、木戸は阿南に、「この際責任ある当局の意見に従う外ない」と、外務省の方針に従って、ポツダム宣言の即時受諾に同意することを求めた。それに対し、阿南は「そう云うだろうことと云うことは分って居たが、陸軍の空気はえらいのだよ」と[*58]、軍内部の統制に関する判断では妥協できないことを伝える。

そうしたなかで、木戸はようやく議論の本質的な論点と、国家意思決定機能麻痺の状況に気づいたようだ。[59] そのため、木戸がイニシアティブをとって開催した八月一四日正午の御前会議における昭和天皇の発言内容をみると、その大部分が第一回「聖断」と同様であるものの、一つだけ新たに付け加えられた事柄がある。それが、天皇が本来は関与しない軍内部の統制に関するものである。以下にそれをあげる。

> 此際私としてなすべきことがあれば何でも厭わない。国民に呼びかけることが良ければ私は何時でも「マイク」の前にも立つ。一般国民には今まで何も知らせずに居ったのであるから突然此決定を聞く場合動揺も甚しいであろう。陸海軍将兵には更に動揺も大きいであろう。この気持をなだめることは相当困難なことであろうが、どうか私の心持をよく理解して陸海軍大臣は共に努力し、良く治まる様にして貰いたい。必要あらば自分が親しく説き諭してもかまわない。此際詔書を出す必要もあろうから政府は早速其起案をしてもらいたい[60]〔傍線筆者〕

これは、昭和天皇が自ら軍内部の統制にあたると、即時降伏反対（四条件）派の主張する部下統制方法に代替する執行方法を提示したものだ。ここに、ようやく議論が収束する。日本は八月一四日に連合国にポツダム宣言の受諾を通告し、翌日に国民にラジオ放送で敗戦を告げた。

軍部の統制という曖昧な課題

近代日本において、軍部の統制は常に重要な課題だった。しかし、その意味は第3章で述べたように曖昧である。まず、それは「国務」（政治）に「統帥」（軍事）をどのように従属させるかであり、近代日本が長く模索してきた課題だった。

その一方で、一九三〇年代頃から、軍内部の強硬な中堅層や現地軍をどのようにコントロールするのかが、軍部の統制という課題に包摂される。

中堅層が強硬に要求し、それを首脳部が国策決定の場で主張することによって、軍部全体の統制が難しくなり、二つの課題は曖昧となることが多かったが、本来両者はまったく別の問題である。

政党内閣期までの関心は、どのように政治に軍事を従属させるのかだったが、第3章で述べたように一九三〇年代以降に特に問題とされたのは、軍内の中堅層や現地軍をどのようにコントロールするのかだった。そして、第4章で述べたように、日中戦争の解決を模索する過程で、「国務」と「統帥」の分離はあらためて課題として意識されていく。こうして、一九三〇年代以降、異なる問題である両者は戦争の収拾という困難な課題のなかで区別しにくくなっていった。

東条英機内閣は統帥部長兼任によって「国務」と「統帥」の分離の克服を試みたものの、終戦期において深刻だったのはむしろ、中堅層や現地軍のコントロールの問題の方だった。

しかし、それらは曖昧であるがために、判断にも過誤が生じやすかった。ポツダム宣言受諾時の論争において、昭和天皇や内大臣木戸幸一が第一回の「聖断」の際に論争の本質を見誤っていたのには、そうした歴史的な背景が影響していた。

おわりに——軍という専門家集団と政治

憲法改正と統帥権の独立

日本の敗戦とその後のGHQ（連合国軍最高司令官総司令部）による占領統治のなかで、憲法改正が議論され、その過程で統帥権の独立は当然に廃止が必要と考えられた。

一九四五年一〇月四日に連合国軍最高司令官マッカーサー（Douglas MacArthur）と会見した東久邇宮稔彦内閣の国務大臣近衛文麿は、憲法改正に着手した。近衛は京都帝国大学法学部教授の佐々木惣一を内大臣御用掛として作業にあたった。しかし、アメリカ国内を中心に、憲法改正作業に近衛があたることについて非難は強かった。近衛は一一月二二日に検討結果を天皇に報告するも、一二月六日に戦犯として逮捕指令が発せられたことで、一六日に服毒自殺する。

近衛がまとめた憲法改正の要綱では、統帥権の独立について、「軍の統帥及編成も国務なることを特に明にす。第十一条及第十二条は之を削除又は修正することを考究するの要あり」と記している。[*1] 近衛だけでなく当時の多くの人々が、戦争で甚大な被害があったものの、だからといって軍事力を放棄すべきだとは考えていなかった。近衛は軍の存置を前提として、統帥権の独立を否定しようと考えていた。その際に採用されたのが、軍の統帥と編制は国務大臣が輔弼する国務の範疇に含めるというものだった。

近衛とは別に、一〇月九日に発足した幣原喜重郎内閣も憲法改正を検討・準備していた。その作業を担当した国務大臣の松本烝治は、一九四五年一二月八日の第八九回帝国議会衆議院予算委員会で、次のように憲法改正の方針を述べている。

> 国務大臣の責任が国務の全般に亙って存しなければならぬ。国務大臣の輔弼の責任が、従来は或は或る種類の国務と、どうしても見なければならぬものに及ばないと云うように解釈されて居ったような跡は、確かに有り得たと思うのであります。是は非常な間違いであろうと思います。どうしても国務大臣の責任は国務の全般に対して存在する。凡そ国務にして国務大臣が輔弼の責任を負わざるものはない。何等かの国務大臣以外の介在物、輔弼の責任を憲法上負わない者が、国務に対して勢力を持って、之を左右すると云うようなことが若しあったとすれば、斯くの如きことの出来ないようにすることが絶対に必要であろう[*2]

松本もまた近衛と同様、国務の範囲の拡張を主張している。また、明言されていないが、「輔弼の責任を憲法上負わない者」には参謀総長や軍令部総長といった軍令機関の長が含まれていただろう。

一二月二六日に新聞発表された憲法研究会の「憲法改正要綱」には、統帥権・編制権の問題をどうするのかという記述は一切ない。[*3] また、一九四六年一月二一日に出された日本自由党の「憲法改正要綱」では、「統帥大権、編制大権、戒厳大権、非常大権は之を廃止す」とあるが、[*4] それらをどの機関が管掌するのか記していない。

これらと比較すると、松本が試案を作成し、東京帝国大学法学部教授の宮沢俊義がまとめ、一月二六日の憲法問題調査委員会第一五回調査会に提出された「憲法改正要綱」（松本甲案）は、軍事力を管掌する主体を明記しようとしていたものと言える。

その要綱は、「第十一条中に『陸海軍』とあるを『軍』と改め、且第十二条の規定を改め、軍の編制及常備兵額は法律を以て之を定むるものとすること」と記している。統帥権と編制権をそれぞれ定めた第一一条と第一二条は、議会の関与を定めた程度の変更にとどめていた。そのうえで、要綱は「第五十五条第一項の規定を改め、国務各大臣は天皇を輔弼し一切の国務に付帝国議会に対して其の責に任ずるものとし、且同条第二項中に軍の統帥に関る詔勅にも亦国務大臣の副署を要する旨を明記すること」と記す。[*5] つまり、国務大臣が軍の統帥と編制をも輔弼するとしていた。

しかし、GHQは日本側の憲法改正案に満足しなかった。二月三日のいわゆるマッカーサー三原則で日本の軍備が否定されたことで、統帥権の独立の改革はそもそも議論の大前提を失った。首相である幣原喜重郎は、国際社会での昭和天皇への批判から天皇制を防衛するために、戦争放棄の方針を受け入れる。[*6] 三月六日に発表された新憲法草案を、新聞は、「主権在民・戦争放棄を規定」した「劃期的な平和憲法」と評価した。*7

その後、一九五四年の自衛隊法では、自衛隊の最高指揮権は内閣総理大臣が持つこととなり、統帥権の独立は完全に消滅した。

管掌範囲か優先順位か

統帥権の独立は、一八八九年に発布された帝国憲法によって制度化されたわけではない。一八七八年に陸軍省から独立した参謀本部をはじめとして、いくつかの法令や慣行、制度によって形成されたものである。そして、統帥権の独立を支えていたのは、軍事に関することは軍人にしか担えないという「軍事の特殊専門意識」である。この意識が軍の内外に存在していたからこそ、統帥権の独立は敗戦まで存続したのである。

政治と軍事とを切り離し、軍事専門家集団を作り出すことが、明治国家の安定のためには必須の要件だった。「軍事の特殊専門意識」は、政治と軍事とが未分化だった前近代の考え方を持つ士族層の暴走を抑制する際の副産物である。

そうして成立した「軍事の特殊専門意識」に基づく軍事の独立性は、その後に肥大化していく。影響力を持った元老や徐々に力を付けてきた政党勢力が軍部をある程度コントロールすることはできた。また、独立性を認められていた軍部が強い政治的影響力を持つことは問題視されていた。軍部をどのように統制するのかは、近代日本にとってつねに課題だった。

近代日本が軍部を統制しようとする際にしばしば議論となったのが、政治と軍事それぞれの範囲だった。軍部大臣現役武官制や軍部大臣文官制を議論する際や、兵力量を議論する際、統帥権の独立を前提としつつ、軍政の領域のなかに一定程度、政治が担うべき部分を確保しようとしてきた。

本来、「国務」と「統帥」という言葉は、近代日本においては二項対立的に考えられる傾向にある。だが、政治と軍事は明確に区分できるものではない。軍政事項を政府が担うことについてはたしかな理由が存在していたが、軍の業務である以上、統帥事項とまったく関係がない軍政というのは存在しない。そのため、政治と軍事の管掌範囲を議論すると、軍部は反発した。そして、そのたびに、「軍事の特殊専門意識」が再認識されて強化されていった。

政治と軍事を明確に区分できない以上、軍部をコントロールするために必要だったのは、政治と軍事の優先順位を議論し、政治優先の原則を確立することだった。こうした議論が近代日本においてなかったわけではない。だが、中心となった議論はつねに政治と軍事の範囲をめぐるものだった。

政治と軍事の管掌範囲を議論し、「軍事の特殊専門意識」が強化されるなか、専門家集団である軍の主張を否定することは難しくなっていく。政治と軍事とは対等な関係かのようにさえ考えられるようになる。そのような状況下では、政治優先の原則を確立することは困難だった。一九二〇年代までは、軍部をコントロールするために管掌範囲の議論が盛んだったが、三〇年代に入るとさまざまな軍部抑制策を講じても、国内外の危機のためにことごとく失敗する。

ただし、統帥権の独立は、繰り返すが一九三〇年代以降における現地軍や中堅層による暴走の直接の理由ではない。そもそも、統帥権の独立とは政府と軍との関係性の慣行である。現地軍や中堅層の暴走とその統制の関係とは、軍内部の問題である。

現地軍や中堅層の行動の動機は、眼前の課題解決が第一だった。現地情勢や純軍事的論理、各部署固有の権限を尊重すると、現地軍や中堅層の暴発が懸念され、軍首脳部は彼らの抑制に苦慮することになる。さらには、統帥権の独立によって、内閣が軍をコントロールすることが難しくなっていく。

日中戦争期、内閣に強力なリーダーシップを付与しようとする試みは失敗し、日本は政治と軍事との間の優先順位を確立することができなかった。決定者が不明瞭ななかで問題が生じた際、問題の本質的な議論ではなく、誰が決定をするのかという管轄主体をめぐる議論ばかり行われるようになる。総力戦の時代においては、戦争に関する決定は誰が判断することができるのかという問題は、さらに曖昧となる。日中戦争の勃発時や、和平交渉をめぐって、そして、対米開戦をめぐって、決定者は誰なのかが議論され、本質的にその戦争が必要か、可能かといった議論はほとんど行われなかった。

軍部を統制できなかった日本の政治主体では、ポツダム宣言受諾時の論争においても、問題に対する適切な処置を当初とれなかった。

近代日本において、統帥権の独立という二元構造そのものが問題だったのは議論の余地がない。そのために戦後の憲法試案で軍の統帥と編制とを国務大臣の管掌範囲のなかに収めようとしたのは当然だった。ただ、一九三〇年代以降の軍部の暴走は、近代を通じて、統帥権の独立よりも軍事の政治への従属を十分に模索できなかったことの結果だった。

近代日本の問題は、専門家集団としての軍、または、そのなかのある特定の部署や集団の判断を、大局的な観点から抑制することができなかったことにあったのだ。

専門家集団のコントロール

統帥権の独立をめぐる近代日本の歴史を辿ると、専門家の専門知を活用しつつ、専門家集団の暴走を引き起こさないために重要なのは、専門家集団に任せる範囲の問題ではなく、専門家集団との間で優先順位を明確にしておくことだと言える。

「ある仕事はその専門家に任せるのがよい」といった意味で「餅は餅屋」という諺があある。専門家の判断を尊重することは、おおむね肯定的に捉えられることが多い。現代社会は複雑であり、多様である。そうであるがゆえに、専門的な知識を持たない分野のことはますます理解しづらく、そうした分野のことでは、専門家の判断を無批判に受け入れてしまう。

だが、多くの人々が物事を多面的に検討せず、一部の専門家の判断を是として受け入れて、その主張や利害だけで社会全体が動くことは、正しい専門知の活用とは言えないだろう。専門家の判断を無批判に受け入れ、どうやって決定するのかだけに気をとられ、誰が決定するのかという話題に集中し、本質的な議論を行わなかった近代日本の政治主体と根本的には同じである。

大切なのは、一人ひとりが大局的視座を養うことだ。対処すべき問題において、複数の利害や専門的知見が存在するなかで、本質的な点は何であるのか、何を優先すべきなのかを見極めることである。

註記

はじめに

1 例えば、大江洋代『明治期日本の陸軍　官僚制と国民軍の形成』（東京大学出版会、二〇一八年）。こうした研究は本論の中で個々に紹介していくため、この「はじめに」では代表的なものを例示するにとどめたい。

2 例えば、森靖夫『日本陸軍と日中戦争への道　軍事統制システムをめぐる攻防』（ミネルヴァ書房、二〇一〇年）。

3 例えば、拙著『昭和戦時期の海軍と政治』（吉川弘文館、二〇一三年）、拙著『日本海軍と政治』（講談社、二〇一五年）。

第1章　統帥権独立の確立へ

1 保谷徹『戦争の日本史18　戊辰戦争』（吉川弘文館、二〇〇七年）二六～二九頁。

2 水上たかね「幕府海軍における『業前』と身分」（『史学雑誌』一二二－一一、二〇一三年）。

3 戸部良一『日本の近代9　逆説の軍隊』（中央公論社、一九九八年）二九～三〇頁。

4 千田稔『維新政権の直属軍隊』（開明書院、一九七八年）一〇九～一一七頁。

5 高橋秀直「廃藩置県における権力と社会　開化への競合」（山本四郎編『近代日本の政党と官僚』、東京創元社、一九九一年）。

6 大島明子「明治維新期の政軍関係　強大な陸軍省と徴兵制軍隊の成立」（小林道彦・黒沢文貴編『日本政治史のなかの陸海軍　軍政優位体制の形成と崩壊　1868～1945』、ミネルヴァ書房、二〇一三年）一三～一八頁。

7 海軍歴史保存会編『日本海軍史　第七巻　機構　人事　予算決算　艦船　航空機　兵器』（第一法規出版、一九九五年）一五四～一五五頁。

8 前掲大島「明治維新期の政軍関係」、三六頁。

9 同右、三二頁。

10 大山梓編『山県有朋意見書』（原書房、一九六六年）四三頁。

11 大江洋代「日清・日露戦争と陸軍官僚制の成立」（前掲『日本政治史のなかの陸海軍』所収）四九頁。

12 同右、五九頁。

13 同右。

14 同右、六〇頁。

15 『時事新報』、一八九〇年三月二五日。

16 前掲大島「明治維新期の政軍関係」、三二頁。

17 以上、伊藤之雄『山県有朋　愚直な権力者の生涯』（文藝春秋、二〇〇九年）一三九頁。

18 同右、一四〇～一五一頁。

19 前掲大江『明治期日本の陸軍』、二〇五～二〇七頁。
20 松沢裕作『自由民権運動 〈デモクラシー〉の夢と挫折』(岩波書店、二〇一六年)六六～六九頁。
21 前掲『山県有朋意見書』、七九～八〇頁。
22 梅渓昇『明治前期政治史の研究』(未來社、一九六三年)一六一頁。
23 前掲伊藤『山県有朋』、一七七～一七九頁。
24 梅渓昇「参謀本部独立の決定経緯について」(『軍事史学』九-二、一九七三年)。
25 『参考史料雑纂』一一三(宮内庁書陵部所蔵)。
26 前掲伊藤『山県有朋』、一八一頁。
27 中野登美雄『統帥権の独立』(有斐閣、一九三六年)二三二～二三三頁。
28 以上、美濃部達吉『憲法撮要』初版(有斐閣、一九二三年)二一九～二二〇頁。
29 防衛教育研究会編『統帥綱領・統帥参考』(田中書店、一九八三年)七一～七二頁。統帥綱領は一九一四年に策定され、一九一八年に第一次改訂、一九二八年に第二次改訂となり、現存しているのは一九二八年のものである。
30 荒邦啓介『明治憲法における「国務」と「統帥」 統帥権の憲法史的研究』(成文堂、二〇一七年)、八七～九四頁。
31 ここでは主に、稲田正次『明治憲法成立史』下巻(有斐閣、一九六二年)、前掲荒邦『明治憲法における「国務」と「統帥」』第二章を参照した。
32 国立公文書館所蔵『枢密院会議議事録』第一巻(東京大学出版会、一九八四年)二〇二頁。
33 国立公文書館所蔵『枢密院会議議事録』第三巻(東京大学出版会、一九八四年)四一頁。
34 宮沢俊義校注『憲法義解』(岩波書店、一九四〇年)三九～四〇頁。
35 前掲美濃部『憲法撮要』初版、二二〇～二二一頁。
36 以上、美濃部達吉『逐条憲法精義』(有斐閣、一九二七年)二五九～二六〇頁。
37 穂積八束「帝国憲法ノ法理」(上杉慎吉編輯『穂積八束博士論文集』、上杉慎吉、一九一三年)五三～五四頁。
38 永井和『近代日本の軍部と政治』(思文閣出版、一九九三年)三五三頁によると、一八八七年六月から一八八八年三月のどこかである。
39 伊藤博文文書研究会監修『伊藤博文文書 秘書類纂 兵政一』第九五巻(ゆまに書房、二〇一三年)八九～九〇頁。
40 前掲荒邦『明治憲法における「国務」と「統帥」』、二九八～二九九頁。
41 有賀長雄『国法学』下(東京専門学校出版部、一九〇三年)二六六～二六七頁。
42 『東京日日新聞』、一八八九年二月一九日。
43 『毎日新聞』、一八八九年三月二日。
44 『東京朝日新聞』、一八八九年二月一七日。
45 前掲永井『近代日本の軍部と政治』、第二部第一章。
46 同右、第二部第二章。
47 平塚篤編『伊藤博文秘録』(原書房、一九八二年、原本は春秋社、一九二九年)四四一～四四二頁。
48 瀧井一博『伊藤博文 知の政治家』(中央公論新社、二〇一〇年）三二三～三三四頁。

49 神田文人「統帥権と天皇制 二」（『横浜市立大学論叢四〇－一、一九八九年）一六六頁。

50「軍令ニ関スル件ヲ定ム」（『公文類聚・第三十一編・明治四十年・第一巻・政綱・皇室典範～行政区』、国立公文書館）。

51 松下芳男『明治軍制史論』下巻（有斐閣、一九五六年）三九九頁で、この概念は「軍事の特殊専門化思想」と表現されているが、思想と言えるほど体系化しておらず、それも個々人によっても大きく異なっている場合があることから、本書では「軍事の特殊専門意識」と表記していく。

52 海軍省『海軍制度沿革』巻二（原書房、一九七一年）九二七頁。

53「明治三五年九月 戦時大本営條例沿革誌（二）」（『大本営編制及勤務令に関する綴 一／二 明治二九年～三七年』、JACAR（アジア歴史資料センター）、Ref. C12120354300、防衛省防衛研究所）。

54 同右。

55「明治二六年 大本営條例及編制」（同右所収、JACAR. Ref. C12120352900）。

56 防衛庁防衛研修所戦史室『戦史叢書大本営海軍部・聯合艦隊〈1〉開戦まで』（朝雲新聞社、一九七五年）七一頁。

57「明治三二年一二月一二日 戦時大本営條例及防務條例弁明書（一）」（前掲『大本営編制及勤務令に関する綴』、JACAR. Ref. C12120354000）。

58 前掲『海軍制度沿革』巻二、九七六～九七七頁。

59「明治三二年一月一九日 戦時大本営條例中改正の請議按」（前掲『大本営編制及勤務令に関する綴』所収、JACAR. Ref. C12120353400）。

60「明治三六年一二月 大本営條例の改正及軍事参議院條例制定に関する奏議」（同右所収、JACAR. Ref. C12120354700）。

61 飯島直樹「元帥府・軍事参議院の成立 明治期における天皇の軍事顧問機関」（『史学雑誌』一二八－三、二〇一九年）。

62 大江志乃夫『統帥権』（日本評論社、一九八三年）八七～八八頁。

63『時事新報』、一八九五年九月二一日。

第2章 政党政治の拡大のなかで

1 前掲松下『明治軍制史論』下巻、三九九～四〇〇頁。

2 以上、前掲『伊藤博文秘録』、一一三～一一五頁。

3 清水唯一朗『政党と官僚の近代 日本における立憲統治構造の相克』（藤原書店、二〇〇七年）第二章。

4「陸軍省官制中ヲ改正ス」（『公文類聚・第二十四編・明治三十三年・第七巻・官職三・官制三・官制三（内務省三・大蔵省・陸軍省）』、国立公文書館）。

5「海軍省官制ヲ改正シ海軍教育本部条例海軍艦政本部条例ヲ定ム」（『公文類聚・第二十四編・明治三十三年・第八巻・官職四・官制四・官制四〈海軍省・司法省・文部省〉』、国立公文書館）。

6 原奎一郎『原敬日記』第三巻（福村出版、一九六五年）一九一三年三月六日条、二九七頁。

7 『東京朝日新聞』、一九〇一年八月二三日。
8 前掲伊藤『山県有朋』、三七六〜三七八頁。
9 季武嘉也「西園寺公望と二つの護憲運動」(『日本歴史』六〇〇、一九九八年)。
10 「第三十回帝国議会衆議院議事速記録第三号」。
11 前掲『原敬日記』第三巻、一九一三年三月二三日条、三〇七頁。
12 奈良武次『侍従武官長奈良武次日記・回顧録 第四巻 奈良武次回顧録草案他』(柏書房、二〇〇〇年)七七頁。
13 波多野勝「山本内閣と陸軍官制改正問題 山本首相のイニシアチブと陸軍」(『軍事史学』三〇-四、一九九五年)一四頁。
14 拙稿「第一次山本権兵衛内閣における軍部大臣任用資格改革」(『龍谷紀要』四四-一、二〇二二年)。
15 伏見岳人『近代日本の予算政治 1900-1914 桂太郎の政治指導と政党内閣の確立過程』(東京大学出版会、二〇一三年)。
16 坂野潤治・広瀬順晧・増田知子・渡辺恭夫編『近代日本史料選書12-2 財部彪日記 海軍次官時代(下)』(山川出版社、一九八三年)、一九一四年四月一五日条、二七九頁。
17 『東京朝日新聞』、一九一三年三月一四日。
18 角田順校訂『宇垣一成日記Ⅰ』(みすず書房、一九六八年)九一頁。
19 『陸軍省参謀本部教育総監部 関係業務担任規定』(防衛省防衛研究所)、JACAR. Ref. C13070769300~500。
20 『東京朝日新聞』、一九一三年六月一五日。
21 同右、一九一三年五月七日。
22 同右、一九一三年六月一六日。
23 同右、一九一三年六月一五日。
24 『国民新聞』、一九一三年五月八日。
25 前掲森『日本陸軍と日中戦争への道』、二七〜三二頁。
26 「国防統一ニ関スル議」(参謀本部総務部庶務課保管『明治三九-四〇年 帝国国防方針策定顛末概要 大正五・一二・一五 陸軍少将田中義一』、防衛省防衛研究所)。
27 室山義正「日露戦後財政と海軍拡張計画 『八・八』艦隊構想の財政過程」(原朗編『近代日本の経済と政治』、山川出版社、一九八六年)。
28 海軍省大臣官房編『海軍軍備沿革』(巌南堂書店、一九七〇年)一六〇頁。
29 同右、一六八頁。
30 山本四郎編『第二次大隈内閣関係史料』(京都女子大学、一九七九年)一七頁。
31 『東京朝日新聞』、一九一四年七月一三日。
32 前掲『海軍軍備沿革』、一八六頁。
33 『東京朝日新聞』一九一四年七月一一日。
34 同右、一九一四年七月二〇日。
35 同右、一九一四年七月二七日。
36 山本四郎編『寺内正毅内閣関係史料』下巻(京都女子大学、一九八五年)九三頁。
37 高橋秀直「寺内内閣期の政治体制」(『史林』六七-四、一九八四年)。
38 川田稔『原敬と山県有朋 国家構想をめぐる外交と内政』

（中央公論社、一九九八年）。

39 高橋秀直「原内閣の成立と総力戦政策　「シベリア出兵」決定過程を中心に」（『史林』六八－三、一九八五年）。

40 前掲森『日本陸軍と日中戦争への道』、第一章。

41 山口一樹「清浦奎吾内閣における陸相人事問題」（『立命館史学』三四、二〇一三年）。

42 平松良太「第一次世界大戦と加藤友三郎の海軍改革　一九一五～一九二三年」（『法学論叢』一六七－六、一六八－四、一六八－六、二〇一〇～二〇一一年）。

43 拙稿「予算要求の論理から見たワシントン会議における海軍内の対立」（『ヒストリア』二九七、二〇二三年）。

44 以上、「第四十回帝国議会衆議院議事速記録第四号」。

45 原奎一郎編『原敬日記』第五巻（福村出版、一九五五年）、一九二一年九月四日条、四三五頁。

46 「海軍省意見」（岩壁義光、小林和幸、広瀬順晧編修『田中義一関係文書：山口県文書館所蔵』第四巻、北泉社、二〇〇一年所収、史料番号九二「海軍大臣事務管理問題ニ就テ」添付資料）。

47 『東京朝日新聞』、一九二一年一〇月六日。

48 同右、一九二一年一〇月一一日、夕刊。

49 稲葉正夫他編『太平洋戦争への道　開戦外交史　別巻資料編』（朝日新聞社、一九八八年）七頁。

50 「第四十五回帝国議会貴族院予算委員第四分科会（陸軍省海軍省）議事速記録第三号」。

51 寺島健伝記刊行会編『寺島健伝』（同刊、一九七三年）二七〇頁。

52 「武官大臣制撤廃ニ関聯シ制度改正ノ綱領」（軍令部『大正一三、二　武官大臣制撤廃ニ関聯シ制度改正ノ綱領』、防衛省防衛研究所）。「軍令部総長」とあるのは、軍令部が改称を主張していたため。

53 前掲『寺島健伝』、二七〇頁。

54 小池聖一「ワシントン海軍軍縮会議前後の海軍部内状況『両加藤の対立』再考」（『日本歴史』四八〇、一九八八年）。

55 拙稿「一九二〇年代の日本海軍における軍部大臣文官制導入問題」（『歴史』一二四、二〇一五年）七五頁。

56 「第四十六回帝国議会貴族院予算委員会議事速記録第六号」。

57 「法制局長官ノ質問ニ対スル回答」（『陸海軍大臣任用資格問題ニ関スル件』、防衛省防衛研究所。

58 高橋是清「内外国策私見　大正九年九月　子爵高橋是清」（『大正九～十五年度　統帥権問題ニ関スル綴　其一』、防衛省防衛研究所）、JACAR. Ref. C13071292700。

59 髙杉洋平『宇垣一成と戦間期の日本政治　デモクラシーと戦争の時代』（吉田書店、二〇一五年）第Ⅱ部第二章。

60 山口一樹「一九二〇年代における統帥権問題と陸海軍　統帥大権と編制大権からの検討」（『次世代人文社会研究』一二、二〇一六年）。

61 前掲美濃部『憲法撮要』初版、二八六～二八七頁。

62 前掲美濃部『逐条憲法精義』、五二六～五二八頁。

63 ここでの引用は全て吉野作造「帷幄上奏論」（吉野作造『二重政府と帷幄上奏』、文化生活研究会出版部、一九二二年）から。

64 例えば、関口哲矢「統帥権干犯問題後の軍部大臣文官制軍主導の国防の確立過程を中心に」(『史潮』九二、二〇二二年)は田村秀吉が一九三一年に発表したものを分析している。

65 「第四回」(『各種調査会委員会文書・行政制度審議会書類・四幹事会議事録其一』、国立公文書館)。

66 『東京朝日新聞』、一九三一年四月二九日。

67 前掲関口「統帥権干犯問題後の軍部大臣文官制」。

第3章 軍部の政治的台頭

1 前掲『宇垣一成日記I』、七四三頁。

2 小池聖一「大正期の海軍についての一考察 第一次・第二次財部彪海相期の海軍部内を中心に」(『軍事史学』二五-一、一九八九年)。

3 原田熊雄述『西園寺公と政局』第一巻(岩波書店、一九五〇年)一九頁。

4 「倫敦海軍条約秘録」(坂井景南『英傑加藤寛治 景南回想記』、ノーベル書房、一九七九年)一五四頁。

5 前掲『太平洋戦争への道 別巻資料編』、三三頁。

6 小林龍夫・島田俊彦解説『現代史資料7 満洲事変』(みすず書房、一九六四年)四頁。

7 前掲『太平洋戦争への道 別巻資料編』、二〇頁。

8 波多野澄雄・黒沢文貴編『侍従武官長奈良武次日記・回顧録』第三巻(柏書房、二〇〇〇年)二一七頁。

9 前掲『太平洋戦争への道 別巻資料編』、五一頁。

10 伊藤隆・照沼康孝解説『続・現代史資料4 陸軍 畑俊六日誌』(みすず書房、一九八三年)一三頁。

11 『帝国大学新聞』、一九三〇年四月二一日。

12 小林龍夫「海軍軍縮条約」(日本国際政治学会・太平洋戦争原因研究部編『太平洋戦争への道 開戦外交史《新装版》1 満州事変前夜』、朝日新聞社、一九八七年)一〇三~一〇五頁。

13 纐纈厚「統帥権干犯論争の展開と参謀本部 ロンドン海軍軍縮条約(一九三〇年)締結に関連して」(『日本歴史』三七六、一九七九年)七七~七九頁、同「統帥権干犯問題と軍令機関の対応 ロンドン海軍軍縮条約(一九三〇年)締結をめぐって」(『軍事史学』一五-三、一九七九年)一三~一四頁。

14 「第五十八回帝国議会衆議院議事速記録第三号」。ただし、政友会の中には、内田信也のように、機会主義的に統帥権干犯問題を持ち出したわけではない論者もいた(浅井隆宏「ロンドン海軍条約における補助艦保有比率に関する政友会内田信也の質疑」、『軍事史学』五五-二、二〇一九年)。

15 「第五十八回帝国議会貴族院議事速記録第二号」。

16 伊藤隆他編『続・現代史資料5 海軍 加藤寛治日記』(みすず書房、一九九四年)九六頁。

17 前掲『現代史資料7 満洲事変』、一一頁。

18 前掲『太平洋戦争への道 別巻資料編』、六五頁。

19 前掲『加藤寛治日記』、九九頁。

20 山本英輔「昭和五年五月倫敦海軍々縮会議後統帥権問題紛糾ノ際之ガ調停ニ奔走尽力セル顛末」(斎藤実関係文書書類の部、国立国会図書館憲政資料室)。

21 前掲小林「海軍軍縮条約」、一三一頁。

22 前掲『現代史資料7　満洲事変』、二〇頁。
23 前掲『西園寺公と政局』第一巻、一三二～一三三頁。
24 尚友倶楽部・季武嘉也・櫻井良樹編『財部彪日記〈海軍大臣時代〉』(芙蓉書房出版、二〇二一年)一九三〇年七月一八日条、六〇五頁。
25 前掲『太平洋戦争への道　別巻資料編』、五五頁。
26 前掲「倫敦海軍条約秘録」、一九四～一九五頁。
27 美濃部達吉『憲法撮要』第五版(有斐閣、一九三二年)三二三頁。
28 同右、三〇一頁。
29 以上、吉野作造「統帥権問題の正体」(『中央公論』一九三〇年六月号)一六四頁。
30 原田熊雄『西園寺公と政局』第四巻(岩波書店、一九五一年)三八五頁。
31 伊藤隆・広瀬順晧編『牧野伸顕日記』(中央公論出版社、一九九〇年)四六五頁。
32 前掲『侍従武官長奈良武次日記・回顧録』第三巻、三五四頁。
33 佐々木隆「陸軍『革新派』の展開」(近代日本研究会編『年報近代日本研究一　昭和期の軍部』、山川出版社、一九七九年)。
34 柴田伸一「皇族参謀総長の復活　昭和六年閑院宮載仁就任の経緯」(『國學院大學日本文化研究所紀要』九四、二〇〇四年)。
35 前掲森『日本陸軍と日中戦争への道』、第三章。
36 佐々木隆「挙国一致内閣期の枢密院　平沼騏一郎と斎藤内閣」(『日本歴史』三五二、一九七七年)。
37 拙稿「平沼騏一郎内閣運動と海軍　一九三〇年代における政治的統合の模索と統帥権の強化」(『史学雑誌』一二二－九、二〇一三年)。
38 前掲『加藤寛治日記』、一九三二年一二月一四、一七日条、一五四頁。
39 御伝記編纂会編『博恭王殿下を偲び奉りて』(非売品、一九四八年)三九四頁。
40 太田久元『戦間期の日本海軍と統帥権』(吉川弘文館、二〇一七年)。
41 本庄繁『本庄日記〔普及版〕』(原書房、二〇〇五年)一九二頁。
42 小林龍夫・稲葉正夫・島田俊彦・臼井勝美解説『現代史資料12　日中戦争(四)』(みすず書房、一九六五年)一二頁。
43 拙稿「岡田啓介内閣期の陸海軍関係」(『福井工業高等専門学校研究紀要　人文・社会科学』四八、二〇一四年)。
44 木戸幸一著、木戸日記研究会校訂『木戸幸一日記』上巻(東京大学出版会、一九六六年)一九三四年八月二四日条、三五四頁。
45 『東京朝日新聞』、一九三五年一一月二七日。
46 同右、一九三五年一一月二八日。
47 同右、一九三六年三月三日。
48 前掲『続・現代史資料　四　陸軍　畑俊六日誌』、七二頁。
49 『東京朝日新聞』、一九三六年三月九日。
50 前掲『木戸幸一日記』上巻、四七六頁。
51 前掲森『日本陸軍と日中戦争への道』、三四～三六頁。

52 同右、第三章。
53 加藤陽子『模索する一九三〇年代　日米関係と陸軍中堅層』（山川出版社、一九九三年）第二部第五章、筒井清忠『昭和十年代の陸軍と政治　軍部大臣現役武官制の虚像と実像』（岩波書店、二〇〇七年）第二章。
54 原田熊雄述『西園寺公と政局』第五巻（岩波書店、一九五一年）五八頁。
55 前掲髙杉『宇垣一成と戦間期の日本政治』、第Ⅱ部第三章。
56 髙杉洋平『昭和陸軍と政治「統帥権」というジレンマ』（吉川弘文館、二〇二〇年）一〇七～一〇八頁。
57 前掲関口「統帥権干犯問題後の軍部大臣文官制」。
58 土井章監修『昭和社会経済史料集成　海軍省資料』第二巻（御茶の水書房、一九八〇年）四二四～四二六頁。
59 『東京朝日新聞』、一九三六年九月二九日、『読売新聞』、一九三六年九月二九日。
60 『東京朝日新聞』、一九三六年一〇月二四日。
61 同右。
62 『読売新聞』、一九三六年一〇月二四日。
63 『東京朝日新聞』、一九三六年一〇月三〇日。
64 佐藤賢了『軍務局長の賭け　佐藤賢了の証言』（芙蓉書房、一九八五年）一一二頁。
65 『東京朝日新聞』、一九三六年一一月三日。
66 同右、一九三六年一〇月三一日、一一月五日。
67 同右、一九三六年一一月六日。
68 同右、一九三六年一一月三日。
69 同右、一九三六年一一月九日。
70 同右、一九三六年一一月七日、夕刊。
71 同右、一九三六年一一月一六日。
72 同右、一九三六年一一月一八日、夕刊。
73 同右、一九三六年一一月一九日。
74 同右、一九三六年一一月二〇日。
75 「議院制度刷新に関する懇談会（軍部の思想に関し）要旨」（国立公文書館）。
76 前掲加藤『模索する一九三〇年代』、二三四～二四六頁。
77 「第七十回帝国議会衆議院議事速記録第三号」。
78 拙稿「二・二六事件後の陸海軍関係」（『年報近現代史研究』六、二〇一四年）九～一一頁。

第4章　日中戦争の泥沼化

1 秦郁彦『盧溝橋事件の研究』（東京大学出版会、一九九六年）第四章。
2 以上、原田熊雄述『西園寺公と政局』第六巻（岩波書店、一九五一年）二九頁。
3 同右、四六頁。
4 外務省編『日本外交年表竝主要文書（下）』（原書房、一九六六年）三六六頁。
5 日本国際問題研究所中国部会編『中国共産党史資料集』第八巻（勁草書房、一九七四年）四七〇頁。
6 前掲加藤『模索する一九三〇年代』、第二章。
7 遠山茂樹・今井清一・藤原彰『昭和史〔新版〕』（岩波書店、一九五九年）一八八頁。
8 大山事件とは、一九三七年八月九日に上海海軍特別陸戦隊の大山勇夫らが殺害された事件である。この大山事件は、現地軍が上海での兵力増強を企図して意図的に引き起こした謀略との指摘がある（笠原十九司『海軍の日中戦争　アジア太平洋戦争への自滅のシナリオ』第一章、平凡社、二〇一五年）。

9　前掲『現代史資料12　日中戦争（四）』、三八七頁。

10　同右、三九一頁。

11　拙稿「日中戦争の拡大と海軍」（『年報　日本現代史』二二、二〇一七年）五七頁。

12　『高松宮日記』第二巻（中央公論社、一九九五年）一九三七年八月一七日条、五四五頁。

13　宮田昌明「トラウトマン工作再考」（軍事史学会編『日中戦争の諸相』、錦正社、一九九七年）。

14　松浦正孝『日中戦争期における経済と政治　近衛文麿と池田成彬』（東京大学出版会、一九九五年）一一～一九頁。

15　三宅正樹「近衛内閣と参謀本部　トラウトマン工作をめぐって」（『歴史と人物』七月号、一九七四年）六一頁。

16　堀場一雄『支那事変戦争指導史』（原書房、一九七三年）一三〇頁。

17　大本営陸軍参謀部第二課「機密作戦日誌」（近代外交史研究会編『変動期の日本外交と軍事　史料と検討』、原書房、一九八七年）二五一頁。

18　徐州作戦で日本軍は中国軍の包囲殲滅を企図したが、中国軍が事前に脱出したため、失敗に終わった。徐州作戦によって、国民政府は南京から漢口に移って日本軍に抵抗した。そのため、日本軍は武漢（武昌・漢口・漢陽の三都市）と、援蔣ルートの拠点と考えられていた広東を攻略しようとし、武漢作戦と広東作戦を展開した。しかし、日本軍は中国軍の殲滅には失敗し、国民政府は重慶に移った。

19　原田熊雄述『西園寺公と政局』第八巻（岩波書店、一九五二年）四五頁。

20　関口哲矢『昭和期の内閣と戦争指導体制』（吉川弘文館、二〇一六年）九四～九五頁。

21　佐藤賢了『東条英機と太平洋戦争』（文藝春秋、一九六〇年）八一～八二頁。

22　以上、前掲加藤『模索する一九三〇年代』、第六章。

23　角田順解説『現代史資料10　日中戦争（三）』（みすず書房、一九六四年）二〇九頁。

24　大畑篤四郎「日独防共協定・同強化問題（一九三五～一九三九年）」（日本国際政治学会・太平洋戦争原因研究部編『太平洋戦争への道　開戦外交史《新装版》5　三国同盟・日ソ中立条約』、朝日新聞社、一九六三年）一一二頁。

25　前掲『現代史資料10　日中戦争（三）』、二四四頁。

26　同右、一五八頁。

27　拙稿「平沼騏一郎と第一次日独伊三国同盟交渉」（『歴史』一三四、二〇二〇年）。

28　The Telegram from the Ambassador in Japan (Grew) to the Secretary of State, April 20, 1939; Foreign Relations of the United States, 1939, III

29　拙稿「米内光政内閣期の政策・新聞・陸軍」（『歴史』一一四、二〇一〇年）一一三～一一四頁。

30　波多野澄雄「有田放送（一九四〇年六月）の国内的文脈と

国際的文脈」（近代外交史研究会編『変動期の日本外交と軍事　史料と検討』、原書房、一九八七年）一五六頁。

31 伊藤隆・佐々木隆・季武嘉也・照沼康孝編『近代日本史料選書1－4　真崎甚三郎日記　昭和十四年一月〜昭和十五年十二月』（山川出版社、一九八三年）一九四〇年四月一四日条、三四八頁。

32 木戸幸一著、木戸日記研究会校訂『木戸幸一日記』下巻（東京大学出版会、一九六六年）八〇一頁。

33 前掲『西園寺公と政局』第八巻、二八四頁。

34 髙杉洋平「『新体制』を巡る攻防」（『年報政治学』二〇一八（一）、二〇一八年）、前掲髙杉『昭和陸軍と政治』、一八四頁。

35 「新体制要綱」（美濃部洋次関係文書、国立国会図書館憲政資料室）。

36 髙杉洋平「『新体制運動』と陸軍」Ⅱ（『政治経済史学』六二八号、二〇一九年）三二頁、前掲髙杉『昭和陸軍と政治』、一七八頁。

37 「新体制準備会第五回会議要領筆記（昭和一五．九．一三）」（『新体制準備に関する件』、国立公文書館）。

38 古川隆久『近衛文麿』（吉川弘文館、二〇一五年）一八八〜一八九頁。

第5章　アジア・太平洋戦争期の混乱

1 森山優『日米開戦の政治過程』（吉川弘文館、一九九八年）一二〜一四頁参照。

2 森茂樹「戦時天皇制国家における『親政』イデオロギーと政策決定過程の再編　日中戦争期の御前会議」（『日本史研究』四五四、二〇〇〇年）。

3 森茂樹「国策決定過程の変容　第二次・第三次近衛内閣の国策決定をめぐる『国務』と『統帥』」（『日本史研究』三九五、一九九五年）。

4 前掲『木戸幸一日記』下巻、八九五頁。

5 参謀本部編『杉山メモ（上）〔普及版〕』（原書房、二〇〇五年）三一二頁。

6 木戸日記研究会編『木戸幸一関係文書』（東京大学出版会、一九六六年）、三四〜三五頁。

7 近衛文麿『平和への努力』（日本電報通信社、一九四六年）三三頁。

8 「沢本頼雄海軍大将業務メモ（叢二）」（防衛省防衛研究所）一九四一年八月一日条。

9 同右、一九四一年八月二六日条。

10 伊藤隆他編『高木惣吉　日記と情報』下巻（みすず書房、二〇〇〇年）五五四頁。

11 防衛庁防衛研修所戦史室編『戦史叢書　大本営海軍部大東亜戦争開戦経緯（二）』（朝雲新聞社、一九七九年）五〇六頁。

12 同右、五一〇頁。

13 「沢本頼雄海軍大将業務メモ（叢三）」（防衛省防衛研究所）一九四一年一〇月三〇日条。

14 前掲『戦史叢書　大本営海軍部大東亜戦争開戦経緯（二）』、五三一頁。

15 前掲『杉山メモ（上）』、三五〇頁。

16　前掲「沢本頼雄海軍大将業務メモ（叢二）」、一九四一年一〇月六日条。

17　吉田裕『シリーズ日本近現代史⑥　アジア・太平洋戦争』（岩波書店、二〇〇七年）七六〜八三頁、一ノ瀬俊也『東條英機「独裁者」を演じた男』（文藝春秋、二〇二〇年）二一四〜二二一頁。

18　寺崎英成、マリコ・テラサキ・ミラー編著『昭和天皇独白録　寺崎英成・御用掛日記』（文藝春秋、一九九一年）八八〜八九頁。

19　以上、鈴木多聞『「終戦」の政治史　一九四三－一九四五』（東京大学出版会、二〇一一年）第一章。

20　柴田紳一「東条英機首相兼陸相の参謀総長兼任」（『國學院大學日本文化研究所紀要』九八、二〇〇六年）は秩父宮雍仁のものを主に紹介している。

21　参謀本部編『杉山メモ（下）〔普及版〕』（原書房、二〇〇五年）資料解説二八〜二九頁。

22　高松宮宣仁『高松宮日記』七巻（中央公論社、一九九七年）二九一頁。

23　前掲『杉山メモ（下）』、資料解説三一頁。

24　寺村安道「昭和天皇と統帥権独立の否定」（『政治経済史学』四三一、二〇〇二年）一六頁。

25　前掲鈴木『終戦の政治史』、第二章。

26　前掲『高木惣吉　日記と情報』下巻、七一五頁。

27　同右、七一三頁。

28　日記刊行会編『矢部貞治日記』銀杏の巻（読売新聞社、一九七四年）七一五頁。

29　前掲拙著『昭和戦時期の海軍と政治』、一五八〜一五九頁。

30　前掲『木戸幸一日記』下巻、一一一七〜一一一八頁。

31　「第八十五回帝国議会衆議院予算委員会議録（速記）第三回」。

32　伊藤隆・武田知己編『重光葵　最高戦争指導会議記録・手記』（中央公論新社、二〇〇四年）二三頁。

33　武田知己『重光葵と戦後政治』（吉川弘文館、二〇〇二年）一五一〜一五六頁。

34　波多野澄雄『太平洋戦争とアジア外交』（東京大学出版会、一九九六年）。

35　伊藤隆、渡邊行男編『重光葵手記』（中央公論社、一九八六年）四四一頁。

36　軍事史学会編『大本営陸軍部戦争指導班　機密戦争日誌　下』（錦正社、二〇〇八年）五七一頁。

37　伊藤隆「解説」（前掲『最高戦争指導会議記録・手記』）三八一頁。

38　小磯国昭自叙伝刊行会編『葛山鴻爪』（中央公論事業出版、一九六三年）八一四〜八一五頁。

39　前掲『重光葵手記』、四四九頁。

40　前掲『葛山鴻爪』、八二七頁。

41　前掲『葛山鴻爪』、八二八頁。

42　鈴木貫太郎伝記編纂委員会編『鈴木貫太郎伝』（鈴木貫太郎伝記編纂委員会、一九六〇年）一八九頁。

43　拙稿「終戦期の平沼騏一郎」（『日本歴史』八二〇、二〇一六年）五三〜五六頁。

44　松谷誠『大東亜戦争収拾の真相』（芙蓉書房、一九八〇年）一五九頁。
45 東郷茂徳『時代の一面　東郷茂徳外交手記〔普及版〕』（原書房、二〇〇五年）三三六頁。
46 前掲拙著『昭和戦時期の海軍と政治』、二〇八〜二一〇頁。
47 前掲『木戸幸一日記』下巻、一二〇九頁。
48 同右、一一二二〜一一二三頁。
49 前掲『木戸幸一関係文書』、七八頁。
50 前掲拙著『昭和戦時期の海軍と政治』、二一三〜二一四頁。
51 前掲『木戸幸一関係文書』、七八頁。
52 前掲鈴木『終戦の政治史』、一六四〜一六五頁。
53 前掲『高木惣吉　日記と情報』下巻、九二六頁。
54 下村海南『終戦記』（鎌倉文庫、一九四八年）一三六〜一三七頁。
55 前掲『高木惣吉　日記と情報』下巻、九二六頁。
56 外務省編纂『日本外交年表竝主要文書（下）』（原書房、一九六六年）六三〇〜六三一頁。
57 前掲『重光葵手記』、五二三頁。
58 佐藤元英・黒沢文貴『GHQ歴史課陳述録　終戦史資料（上）』（原書房、二〇〇二年）二七頁。
59 同右、二八頁。
60 前掲下村『終戦記』、一五一頁。

おわりに

1 『帝国憲法ノ改正ニ関シ考査シテ得タル結果ノ要綱』（国立公文書館）。
2 「第八十九回帝国議会衆議院予算委員会議録（速記）第七回」。
3 永井憲一他編『資料　日本国憲法　1　1945〜1949』（三省堂、一九八六年）四六〜四七頁。憲法研究会は、高野岩三郎や鈴木安蔵ら知識人で新憲法の研究を行うために一九四五年に発足したもの。
4 同右、八九頁。
5 「憲法改正要綱」（『憲法問題調査委員会甲案乙案』、佐藤達夫関係文書、国立国会図書館憲政資料室）。
6 升味準之輔『日本政治史4　占領改革、自民党支配』（東京大学出版会、一九八八年）五四〜六〇頁。
7 『東京朝日新聞』一九四六年三月七日。

参考文献一覧

史料については各章の註を参照

複数の章で参考にした文献

伊藤之雄『山県有朋　愚直な権力者の生涯』（文藝春秋、二〇〇九年）
江口圭一『十五年戦争小史　新版』（青木書店、一九九一年）
大江志乃夫『統帥権』（日本評論社、一九八三年）
大江志乃夫『日本の参謀本部』（中央公論社、一九八五年）
加藤陽子『模索する一九三〇年代　日米関係と陸軍中堅層』（山川出版社、一九九三年）
小林龍夫「海軍軍縮条約（一九二一〜一九三六年）」（日本国際政治学会・太平洋戦争原因研究部編『太平洋戦争への道　開戦外交史《新装版》1　満州事変前後』、朝日新聞社、一九八七年、旧版は一九六七年）
小林道彦『近代日本と軍部　一八六八〜一九四五』（講談社、二〇二〇年）
関口哲矢『昭和期の内閣と戦争指導体制』（吉川弘文館、二〇一六年）
関口哲矢「統帥権干犯問題後の軍部大臣文官制　軍主導の国防の確立過程を中心に」（『史潮』九二、二〇二二年）
髙杉洋平『昭和陸軍と政治　「統帥権」というジレンマ』（吉川弘文館、二〇二〇年）
筒井清忠『昭和十年代の陸軍と政治　軍部大臣現役武官制の虚像と実像』（岩波書店、二〇〇七年）
戸部良一『日本の近代9　逆説の軍隊』（中央公論社、一九九八年）
永井和『近代日本の軍部と政治』（思文閣出版、一九九三年）
波多野澄雄『幕僚たちの真珠湾』（朝日新聞社、一九九一年）
藤田嗣雄『明治軍制』（信山社出版、一九九二年）
松下芳男『明治軍制史論』上下巻（有斐閣、一九五六年）
森茂樹「大陸政策と日米開戦」（歴史学研究会・日本史研究会編『日本史講座九　近代の転換』、東京大学出版会、二〇〇五年）
森松俊夫『大本営』（吉川弘文館、二〇一三年。旧版は教育社、一九八〇年）
森靖夫『日本陸軍と日中戦争への道　軍事統制システムをめぐる攻防』（ミネルヴァ書房、二〇一〇年）
吉田裕・森茂樹『戦争の日本史23　アジア・太平洋戦争』（吉川弘文館、二〇〇七年）
拙稿「軍部批判にみる吉野作造の論理展開　美濃部達吉との比較を通じて」（『日本歴史』七七一、二〇一二年）
拙著『日本海軍と政治』（講談社、二〇一五年）
拙著『海軍将校たちの太平洋戦争』（吉川弘文館、二〇一四年）
拙著『昭和戦時期の海軍と政治』（吉川弘文館、二〇一三年）

第1章

荒邦啓介『明治憲法における「国務」と「統帥」 統帥権の憲法史的研究』（成文堂、二〇一七年）
飯島直樹「元帥府・軍事参議院の成立 明治期における天皇の軍事顧問機関」（『史学雑誌』一二八－三、二〇一九年）
伊藤孝夫『大正デモクラシー期の法と社会』（京都大学学術出版会、二〇〇〇年）
伊藤皓文「陸主海主論争 戦時大本営条例をめぐって」（『軍事史学』八－三、一九七二年）
稲田正次『明治憲法成立史』上巻（有斐閣、一九六〇年）
稲田正次『明治憲法成立史』下巻（有斐閣、一九六二年）
梅渓昇『明治前期政治史の研究』（未來社、一九六三年）
梅渓昇「参謀本部独立の決定経緯について」（『軍事史学』九－二、一九七三年）
大江洋代『明治期日本の陸軍 官僚制と国民軍の形成』（東京大学出版会、二〇一八年）
大江洋代「日清・日露戦争と陸軍官僚制の成立」（小林道彦・黒沢文貴編『日本政治史のなかの陸海軍 軍政優位体制の形成と崩壊 1868～1945』、ミネルヴァ書房、二〇一三年）
大島明子「明治維新期の政軍関係 強大な陸軍省と徴兵制軍隊の成立」（同右書）
小川原正道『西南戦争 西郷隆盛と日本最後の内戦』（中央公論新社、二〇〇七年）
金澤裕之『幕府海軍の興亡 幕末期における日本の海軍建設』（慶應義塾大学出版会、二〇一七年）
神田文人「統帥権と天皇制」（『横浜市立大学論叢』三七－二・三、一九八六年）
神田文人「統帥権と天皇制 二」（『横浜市立大学論叢』四〇－一、一九八九年）
小風秀雅「アジアの帝国国家」（同編『日本の時代史23 アジアの帝国国家』、吉川弘文館、二〇〇四年）
小林道彦「児玉源太郎と統帥権改革」（前掲『日本政治史のなかの陸海軍』）
高橋秀直「廃藩置県における権力と社会 開化への競合」（山本四郎編『近代日本の政党と官僚』、東京創元社、一九九一年）
瀧井一博『伊藤博文 知の政治家』（中央公論新社、二〇一〇年）
田中佳吉「元帥府の設置とその活動」（『皇學館史學』二八、二〇一三年）
永井秀夫『明治国家形成期の外政と内政』（北海道大学図書刊行会、一九九〇年）
秦郁彦『統帥権と帝国陸海軍の時代』（平凡社、二〇〇六年）
保谷徹『戦争の日本史18 戊辰戦争』（吉川弘文館、二〇〇七年）
水上たかね「幕府海軍における『業前』と身分」（『史学雑誌』一二二－一一、二〇一三年）
由井正臣「日本帝国主義成立期の軍部」（原秀三郎・峰岸純夫・佐々木潤之介・中村政則編『大系日本国家史5 近代Ⅱ』、東京大学出版会、一九七六年）

第2章

麻田貞雄『両大戦間の日米関係　海軍と政策決定過程』（東京大学出版会、一九九三年）

麻田貞雄「ワシントン海軍軍縮の政治過程　ふたりの加藤をめぐって」（『同志社法学』四九－三、一九九八年）

飯島直樹「大正天皇の戦争指導と軍事輔弼体制　第一次世界大戦前半期を事例として」（『東京大学日本史学研究室紀要』二五、二〇二一年）

家永三郎「天皇大権行使の法史学的一考察」（磯野誠一・松本三之介・田中浩編『社会変動と法　法学と歴史学の接点』、勁草書房、一九八一年）

伊藤之雄『立憲国家の確立と伊藤博文　内政と外交―一八八九～一八九八―』（吉川弘文館、一九九九年）

小関素明「日本政党政治史論の再構成」（『国立歴史民俗博物館研究報告』三六、一九九一年）

木坂順一郎「軍部とデモクラシー　日本における国家総力戦準備と軍部批判をめぐって」（『国際政治』三八、一九六九年）

北岡伸一『日本陸軍と大陸政策　一九〇六～一九一六年』（東京大学出版会、一九八七年）

黒野耐『帝国国防方針の研究　陸海軍国防思想の展開と特徴』（総和社、二〇〇〇年）

小池聖一「ワシントン海軍軍縮会議前後の海軍部内状況　『両加藤の対立』再考」（『日本歴史』四八〇、一九八八年）

小池聖一「大正後期の海軍についての一考察　第一次・第二次財部彪海相期の海軍部内を中心に」（『軍事史学』二五－一、一九八九年）

神山恒雄「海軍力充実と財政・政治」（海軍歴史保存会編『日本海軍史　第二巻　通史　第三編』、第一法規出版、一九九五年）

神田文人「統帥権と天皇制　三の上」（『横浜市立大学論叢』四三－一、一九九二年）

小林道彦『日本の大陸政策　一八九五－一九一四』（南窓社、一九九六年）

斎藤聖二「国防方針第一次改訂の背景　第二次大隈内閣下における陸海両軍関係」（『史学雑誌』九五－六、一九八六年）

櫻井良樹「『財部彪日記』と『宇都宮太郎日記』　交錯する陸海軍人の日記」（黒沢文貴・季武嘉也編『史料で読み解く日本史②　日記で読む近現代日本政治史』、ミネルヴァ書房、二〇一七年）

季武嘉也『大正期の政治構造』（吉川弘文館、一九九八年）

季武嘉也「西園寺公望と二つの護憲運動」（『日本歴史』六〇〇、一九九八年）

清水唯一朗『原敬　「平民宰相」の虚像と実像』（中央公論新社、二〇二一年）

清水唯一朗『政党と官僚の近代　日本における立憲統治構造の相克』（藤原書店、二〇〇七年）

髙杉洋平「宇垣一成と『統帥権独立』　軍部大臣武官制と参謀本部独立制をめぐって」（『政治経済史学』五六〇、二〇一三年）

高橋秀直「原内閣の成立と総力戦政策　「シベリア出兵」決定過程を中心に」（『史林』六八－三、一九八五年）

高橋秀直「総力戦政策と寺内内閣」（『歴史学研究』五五二、一

九八六年）
高橋秀直「寺内内閣期の政治体制」（『史林』六七－四、一九八四年）
多胡圭一「第一次山本内閣における官制の改正」（『阪大法学』九七・九八、一九七六年）
角田順『満州問題と国防方針』（原書房、一九六七年）
波多野勝「山本内閣と陸軍官制改正問題　山本首相のイニシアチブと陸軍」（『軍事史学』三〇－四、一九九五年）
原田敬一『シリーズ日本近現代史③　日清・日露戦争』（岩波書店、二〇〇七年）
坂野潤治『大正政変　一九〇〇年体制の崩壊』（ミネルヴァ書房、一九八二年）
坂野潤治『明治憲法体制の確立　富国強兵と民力休養』（東京大学出版会、一九七一年）
平松良太「第一次世界大戦と加藤友三郎の海軍改革　一九一五～一九二三年」（『法学論叢』一六七－六、一六八－四、一六八－六、二〇一〇～二〇一一年）
伏見岳人『近代日本の予算政治　1900－1914　桂太郎の政治指導と政党内閣の確立過程』（東京大学出版会、二〇一三年）
増田知子「海軍拡張問題の政治過程　一九〇六～一四年」（近代日本研究会編『年報近代日本研究四　太平洋戦争　開戦から講和まで』、山川出版社、一九八二年）
松本三之介『近代日本の思想家11　吉野作造』（東京大学出版会、二〇〇八年）
室山義正『近代日本の軍事と財政』（東京大学出版会、一九八四年）
室山義正「日露戦後財政と海軍拡張政策　『八・八』艦隊構想の財政過程」（原朗編『近代日本の経済と政治』、山川出版社、一九八六年）
森山優「八八艦隊予算の成立」（前掲『日本海軍史　第二巻』、一九九五年）
山口一樹「清浦奎吾内閣における陸相人事問題」（『立命館史学』三四、二〇一三年）
山口一樹「一九二〇年代における統帥権問題と陸海軍　統帥大権と編制大権からの検討」（『次世代人文社会研究』一二、二〇一六年）
山本四郎『山本内閣の基礎的研究』（京都女子大学、一九八二年）
山本四郎「第一次山本内閣　政治改革をめざして」（林茂・辻清明『日本内閣史録』2、第一法規出版、一九八一年）
拙稿「一九二〇年代の日本海軍における軍部大臣文官制導入問題」（『歴史』一二四、二〇一五年）
拙稿「加藤友三郎と岡田啓介」（『日本歴史』八七八、二〇二一年）
拙稿「第一次山本権兵衛内閣における軍部大臣任用資格改革」（『龍谷紀要』四四－一、二〇二二年）
拙稿「予算要求の論理から見たワシントン会議における海軍内の対立」（『ヒストリア』二九七、二〇二三年）

第3章

浅井隆宏「ロンドン海軍条約における補助艦保有比率に関する政友会内田信也の質疑」（『軍事史学』五五－二、二〇一九

年）
飯島直樹「『協同一致』の論理にみる陸海軍関係　ロンドン海軍軍縮条約批准時の軍事参議会開催問題を中心に」（『史学雑誌』一二九－八、二〇二〇年）
伊藤隆『昭和初期政治史研究　ロンドン海軍軍縮問題をめぐる諸政治集団の対抗と提携』（東京大学出版会、一九六九年）
伊藤之雄『昭和天皇と立憲君主制の崩壊』（名古屋大学出版会、二〇〇五年）
太田久元『戦間期の日本海軍と統帥権』（吉川弘文館、二〇一七年）
大前信也『昭和戦前期の予算編成と政治』（木鐸社、二〇〇六年）
大前信也『政治勢力としての陸軍　予算編成と二・二六事件』（中央公論新社、二〇一五年）
加藤陽子「統帥権再考　司馬遼太郎氏の一文に寄せて」（『外交時報』一二三五、一九八七年）
加藤陽子「ロンドン海軍軍縮問題の論理　常備兵額と所要兵力量の間」（『年報近代日本研究20　宮中・皇室と政治』、山川出版社、一九九八年）
川田稔「浜口雄幸とロンドン海軍軍縮条約」（『人間環境学研究』二－一、二〇〇四年）
川田稔『浜口雄幸と永田鉄山』（講談社、二〇〇九年）
小池聖一「海軍軍縮をめぐる二つの国際関係観の相剋　ジュネーヴからロンドンへの間で」（伊藤隆編『日本近代史の再構築』、山川出版社、一九九三年）
纐纈厚「統帥権干犯論争の展開と参謀本部　ロンドン海軍軍縮条約（一九三〇年）締結に関連して」（『日本歴史』三七六、一九七九年）
纐纈厚「統帥権干犯問題と軍令機関の対応　ロンドン海軍軍縮条約（一九三〇年）締結をめぐって」（『軍事史学』一五－三、一九七九年）
酒井哲哉『大正デモクラシー体制の崩壊　内政と外交』（東京大学出版会、一九九二年）
佐々木隆「挙国一致内閣期の枢密院　平沼騏一郎と斎藤内閣」（『日本歴史』三五二、一九七七年）
柴田伸一「皇族参謀総長の復活　昭和六年閑院宮載仁就任の経緯」（『國學院大學日本文化研究所紀要』九四、二〇〇四年）
永井和『青年君主昭和天皇と元老西園寺』（京都大学学術出版会、二〇〇三年）
新見幸彦「ワシントン条約廃棄　海軍の論理と心理」（『政治経済史学』一九九、一九八二年）
秦郁彦「艦隊派と条約派　海軍の派閥系譜」（三宅正樹・秦郁彦・藤村道生・義井博編『昭和史の軍部と政治一　軍部支配の開幕』、第一法規出版、一九八三年）
服部龍二『広田弘毅　「悲劇の宰相」の実像』（中央公論新社、二〇〇八年）
平松良太「ロンドン海軍軍縮問題と日本海軍　一九二三～一九三六年」（『法学論叢』一六九－二、一六九－四、一六九－六、二〇一一年）
平松良太「海軍省優位体制の崩壊　第一次上海事変と日本海軍」（前掲『日本政治史のなかの陸海軍』）
藤井崇史「ワシントン条約廃棄と統帥権」（『日本歴史』八一九、

二〇一六年）
堀田慎一郎「平沼内閣運動と斎藤内閣期の政治」（『史林』七七―三、一九九四年）
堀田慎一郎「二・二六事件後の陸軍　広田・林内閣期の政治」（『日本史研究』四一三、一九九七年）
堀田慎一郎「岡田内閣期の陸軍と政治」（『日本史研究』四二五、一九九八年）
前原透「『統帥権独立』理論の軍内での発展経過」（『軍事史学』二三―三、一九八八年）
増田知子「政党内閣と枢密院」（近代日本研究会『年報近代日本研究六　政党内閣の成立と崩壊』、山川出版社、一九八四年）
増田知子『天皇制と国家　近代日本の立憲君主制』（青木書店、一九九九年）
御厨貴『政策の総合と権力　日本政治の戦前と戦後』（東京大学出版会、一九九六年）
森靖夫『「国家総動員」の時代　比較の視座から』（名古屋大学出版会、二〇二〇年）
吉田裕「『軍財抱合』の政治過程」（『歴史評論』四〇八、一九八四年）
米山忠寛『昭和立憲制の再建　１９３２〜１９４５年』（千倉書房、二〇一五年）
Ian Gow "Military Intervention in Pre-war Japanese Politics Admiral Kato Kanji and the 'Washington System'", New York, Routledge, 2004
拙稿「平沼騏一郎内閣運動と海軍　一九三〇年代における政治的統合の模索と統帥権の強化」（『史学雑誌』一二二―九、二〇一三年）
拙稿「二・二六事件後の陸海軍関係」（『年報近現代史研究』六、二〇一四年）
拙稿「岡田啓介内閣期の陸海軍関係」（『福井工業高等専門学校研究紀要　人文・社会科学』四八、二〇一四年）
拙稿「ロンドン海軍軍縮問題と平沼騏一郎」（『福井工業高等専門学校研究紀要　人文・社会科学』五〇、二〇一六年）
拙稿「昭和五年以降の財部彪周辺の政治的動向」（尚友倶楽部・季武嘉也・櫻井良樹編『財部彪日記〈海軍大臣時代〉』、芙蓉書房出版、二〇二一年）
拙稿「ロンドン海軍軍縮問題と財部彪」（兒玉州平・手嶋泰伸編『日本海軍と近代社会』吉川弘文館、二〇二三年）

第4章

相澤淳『海軍の選択　再考真珠湾への道』（中央公論新社、二〇〇二年）
笠原十九司『海軍の日中戦争　アジア太平洋戦争への自滅のシナリオ』（平凡社、二〇一五年）
加藤陽子『シリーズ日本近現代史⑤　満州事変から日中戦争へ』（岩波書店、二〇〇七年）
ゲルハルト・クレープス「参謀本部の和平工作　一九三七〜一九三八」（『日本歴史』四一一、一九八二年）
遠山茂樹・今井清一・藤原彰『昭和史〔新版〕』（岩波書店、一九五九年）
日本国際政治学会・太平洋戦争原因研究部編『太平洋戦争への

道　開戦外交史　5　三国同盟・日ソ中立条約』（朝日新聞社、一九八七年、旧版は一九六三年）
秦郁彦『盧溝橋事件の研究』（東京大学出版会、一九九六年）
古川隆久『近衛文麿』（吉川弘文館、二〇一五年）
吉田裕「『国防国家』の構築と日中戦争」（『一橋論叢』九二-一、一九八四年）
拙稿「日中戦争の拡大と海軍」（『年報　日本現代史』二二、二〇一七年）
拙稿「日中戦争における戦争拡大の構図」（『吉野作造記念館吉野作造研究』一五、二〇一九年）

第5章

一ノ瀬俊也『東條英機　「独裁者」を演じた男』（文藝春秋、二〇二〇年）
伊藤隆『昭和十年代史断章』（東京大学出版会、一九八一年）
加藤陽子「総力戦下の政軍関係」（『岩波講座アジア・太平洋戦争二　戦争の政治学』、岩波書店、二〇〇五年）
川田稔『木戸幸一　内大臣の太平洋戦争』（文藝春秋、二〇二〇年）
柴田紳一「東条英機首相兼陸相の参謀総長兼任」（『國學院大學日本文化研究所紀要』九八、二〇〇六年）
鈴木多聞「軍部大臣の統帥部長兼任　東条内閣期における統帥権の独立」（『史学雑誌』一一三-一一、二〇〇四年）
鈴木多聞「東条内閣総辞職の経緯についての再検討　昭和天皇と重臣」（『日本歴史』六八五、二〇〇五年）
鈴木多聞「昭和二十年八月十日の御前会議　原爆投下とソ連参戦の政治的影響の分析」（『日本政治研究』三-一、二〇〇六年）
鈴木多聞『「終戦」の政治史　一九四三-一九四五』（東京大学出版会、二〇一一年）
武田知己『重光葵と戦後政治』（吉川弘文館、二〇〇二年）
寺村安道「昭和天皇と統帥権独立の否定」（『政治経済史学』四三一、二〇〇二年）
波多野澄雄『太平洋戦争とアジア外交』（東京大学出版会、一九九六年）
古川隆久『東条英機　太平洋戦争を始めた軍人宰相』（山川出版社、二〇〇九年）
古川隆久『昭和天皇　「理性の君主」の孤独』（中央公論新社、二〇一一年）
松田好史『内大臣の研究　明治憲法体制と常侍輔弼』（吉川弘文館、二〇一四年）
森茂樹「戦時天皇制国家における『親政』イデオロギーと政策決定過程の再編　日中戦争期の御前会議」（『日本史研究』四五四、二〇〇〇年）
森茂樹「国策決定過程の変容　第二次・第三次近衛内閣の国策決定をめぐる『国務』と『統帥』」（『日本史研究』三九五、一九九五年）
森山優『日米開戦の政治過程』（吉川弘文館、一九九八年）
山田朗『昭和天皇の軍事思想と戦略』（校倉書房、二〇〇二年）
山本智之『日本陸軍戦争終結過程の研究』（芙蓉書房出版、二〇一〇年）
山本智之『主戦か講和か　帝国陸軍の秘密終戦工作』（新潮社、

二〇一三年）
吉沢南『戦争拡大の構図　日本軍の「仏印進駐」』（青木書店、一九八六年）
吉田裕『昭和天皇の終戦史』（岩波書店、一九九二年）
吉田裕『シリーズ日本近現代史⑥　アジア・太平洋戦争』（岩波書店、二〇〇七年）
拙稿「終戦期の平沼騏一郎」（『日本歴史』八二〇、二〇一六年）

おわりに
升味準之輔『日本政治史4　占領改革、自民党支配』（東京大学出版会、一九八八年）

主要図版出典一覧

国立国会図書館　一七、二九、三六、七六、八二、八八、一〇二、一〇八、一一九、一二一、一三九、一四四、一七三上、一八一頁

あとがき

敗戦という近代日本の結末を知っている我々だけでなく、近代日本を実際に生きた多くの人々ですらも問題視していた統帥権の独立が、なぜ生み出され、長きにわたって維持されたのか。本書は統帥権の独立における、そうした謎に対する一つの仮説である。

日本史を専攻する学生であった頃から、統帥権の独立が日本の近代史のなかで重要な問題であることは、知識としては理解しているつもりであった。だが、統帥権の独立が抱えていた危険性を体感的に理解できるようになったのは、勤め始めてからではないかと思う。

いくつかの教育機関に勤めてきたが、どこも組織であり、部署に分かれて運営されている。そのうちのどこかの部署に所属して、他の部署と協力して組織を運営しようとする。ある時には他の部署に配慮しながらこちらの立場を主張し、またある時には、自らの職分や部署の立場が蔑ろにされることに腹を立てる。そうした組織のなかでの自分の言動が、近代日本において統帥権の独立に立て籠もる軍人たちの言動と本質的に違わないのではないかと気づいたときに、身震いした。同時に、統帥権の独立という問題を自分なりに考えてみたいと思うようになった。

「はじめに」でも述べたが、これまでの統帥権の独立に関する研究では、統帥権の独立とは何かといった問題や、統帥権の独立がもたらした軍部の暴走に関心が集中していた。また、近代日本の軍部に関する研究は圧倒的に陸軍に偏っていた。

本書は、これまでの研究成果を盛り込みつつ、海軍の動向にも目配りしながら、統帥権の独立が生み出され、維持された背景としての専門家意識に着目して、統帥権の独立をめぐる歴史を概観してみた。陸海軍それぞれを、軍事組織としてだけではなく、官僚組織としてみれば、統帥権の独立は現代の我々も抱きかねないセクショナリズムの問題と本質的に類似している。

一九三〇年代に統帥権の独立の問題点は軍部の統制という課題とともに顕在化し、日本の政治を混乱させた。それは、何かの専門家の意見だけが極端に特別視される状況というものがもたらす弊害の一事例であろう。そして、そうした混乱は明治以来の日本が軍事を特殊な領域として位置付け続けるとともに、政治と軍事の優先順位を議論せずに、それらの範囲の問題に関心を集中させてしまった結果であることが明らかになった。こうしたことは、現代においても、大所高所からの決定がいかに重要であるのかを示すものである。

現代を生きる我々には、問題だらけであった統帥権の独立を維持した近代日本の人々は不合理に映るかもしれない。しかし、統帥権の独立をめぐって行われた議論をみていくと、そこには現代を生きる我々も主張してしまいそうな論理がある。また、そうした議論を展開した人々は、まさかその果てに大日本帝国の崩壊が待っていることなど、想像できなかっただろう。統帥権の独立をめぐる議論の歴史は、我々が普段より大局的な視座から物を考えることの重要性を教えてくれているように思う。

さて、私は普段、職場においては教養教育課程を担当しているが、縁あって専門科目の講義も担当することになった。本書の内容は、その新たに担当することになった専門科目のために準備したものである。そして、これもたまたま知遇を得た中央公論新社の白戸直人氏が、書籍として刊行することに理解を示して下さった。

白戸氏からは、執筆にあたって、本書の内容をわかりやすく伝えるための、種々有益なアドバイスを多数いただいた。また、毎週の講義で真剣に私の話に耳を傾けてくれた受講生たちの存在は、本書を執筆するにあたっての最大のモチベーションであった。そして、本書は、これまで日本の近現代史研究が積み重ねてきた研究成果無しには執筆できなかったであろう。本書を成り立たせてくれた方々に、感謝を申し上げる。

近代日本における統帥権の独立は、単なる過去の話ではなく、現代的な課題である。本書が読者にとって、現在の問題を論じる上での何らかのヒントになってくれれば幸いである。

二〇二三年一〇月

手嶋泰伸

楠瀬幸彦	1913. 6～1914. 4	第1次山本権兵衛内閣	
岡市之助	1914. 4～1916. 3	第2次大隈重信内閣	
大島健一	1916. 3～1918. 9	第2次大隈重信内閣	
		寺内正毅内閣	
田中義一	1918. 9～1921. 6	原敬内閣	
山梨半造	1921. 6～1923. 9	原敬内閣	
		高橋是清内閣	
		加藤友三郎内閣	
田中義一	1923. 9～1924. 1	第2次山本権兵衛内閣	
宇垣一成	1924. 1～1927. 4	清浦奎吾内閣	
		第1次加藤高明内閣	
		第2次加藤高明内閣	
		第1次若槻礼次郎内閣	
白川義則	1927. 4～1929. 7	田中義一内閣	
宇垣一成	1929. 7～1930. 6	浜口雄幸内閣	
阿部信行	1930. 6～1930.12	浜口雄幸内閣	臨時代理
宇垣一成	1930.12～1931. 4	浜口雄幸内閣	
南次郎	1931. 4～1931.12	第2次若槻礼次郎内閣	
荒木貞夫	1931.12～1934. 1	犬養毅内閣	
		斎藤実内閣	
林銑十郎	1934.1～1935.9	斎藤実内閣	
		岡田啓介内閣	
川島義之	1935. 9～1936. 3	岡田啓介内閣	
寺内寿一	1936. 3～1937. 2	広田弘毅内閣	
中村孝太郎	1937. 2	林銑十郎内閣	
杉山元	1937. 2～1938. 6	林銑十郎内閣	
		第1次近衛文麿内閣	
板垣征四郎	1938. 6～1939. 8	平沼騏一郎内閣	
畑俊六	1939. 8～1940. 7	阿部信行内閣	
		米内光政内閣	
東条英機	1940. 7～1941.10	第2次近衛文麿内閣	
		第3次近衛文麿内閣	
	1941.10～1944. 7	東条英機内閣	首相と兼任
杉山元	1944. 7～1945. 4	小磯国昭内閣	
阿南惟幾	1945. 4～1945. 8	鈴木貫太郎内閣	
東久邇宮稔彦	1945. 8	東久邇宮稔彦内閣	首相と兼任
下村定	1945. 8～1945.11	東久邇宮稔彦内閣	
		幣原喜重郎内閣	

陸軍大臣一覧

氏名	期間	所属内閣	備考
【陸軍卿】			
山県有朋	1873. 4～1873. 6		陸軍卿代理
山県有朋	1873. 6～1874. 2		
津田出	1874. 4～1874. 6		陸軍卿代理
山県有朋	1874. 6～1878.12		
西郷従道	1877. 2～1877.11		陸軍卿代理
西郷従道	1878. 9～1878.11		参議・文部卿と兼任
西郷従道	1878.12～1880. 2		参議と兼任
大山巌	1880. 2～1885.12		
山県有朋	1883. 9～1883.10		陸軍卿代理
西郷従道	1884. 2～1885. 1		陸軍卿代理
【陸軍大臣】			
大山巌	1885.12～1891. 5	第1次伊藤博文内閣 黒田清隆内閣 第1次山県有朋内閣 第1次松方正義内閣	
高島鞆之助	1891. 5～1892. 8	第1次松方正義内閣	
大山巌	1892. 8～1896. 8	第2次伊藤博文内閣	
西郷従道	1894.10～1895. 3	第2次伊藤博文内閣	海相と臨時兼任
山県有朋	1895. 3～1895. 5	第2次伊藤博文内閣	監軍と兼任
大山巌	1896. 8～1896. 9	第2次松方正義内閣	
高島鞆之助	1896. 9～1897. 9	第2次松方正義内閣	拓相と兼任
高島鞆之助	1897. 9～1898. 1	第2次松方正義内閣	
桂太郎	1898. 1～1900.12	第3次伊藤博文内閣 第1次大隈重信内閣 第2次山県有朋内閣 第4次伊藤博文内閣	
児玉源太郎	1900.12～1902. 3	第4次伊藤博文内閣 第1次桂太郎内閣	台湾総督と兼任
寺内正毅	1902. 3～1911. 8	第1次桂太郎内閣 第1次西園寺公望内閣 第2次桂太郎内閣	
石本新六	1911. 8～1912. 4	第2次西園寺公望内閣	
上原勇作	1912. 4～1912.12	第2次西園寺公望内閣	
木越安綱	1912.12～1913. 6	第3次桂太郎内閣 第1次山本権兵衛内閣	

財部彪	1923. 5～1924. 1	加藤友三郎内閣	
		第２次山本権兵衛内閣	
村上格一	1924. 1～1924. 6	清浦奎吾内閣	
財部彪	1924. 6～1927. 4	第１次加藤高明内閣	
		第２次加藤高明内閣	
		第１次若槻礼次郎内閣	
岡田啓介	1927. 4～1929. 7	田中義一内閣	
財部彪	1929. 7～1930.10	浜口雄幸内閣	
（浜口雄幸）	（1929.11～1930. 5）	（浜口雄幸内閣）	海相事務管理
安保清種	1930.10～1931.12	浜口雄幸内閣	
		第２次若槻礼次郎内閣	
大角岑生	1931.12～1932. 5	犬養毅内閣	
岡田啓介	1932. 5～1933. 1	斎藤実内閣	
大角岑生	1933. 1～1936. 3	斎藤実内閣	
		岡田啓介内閣	
永野修身	1936. 3～1937. 2	広田弘毅内閣	
米内光政	1937. 2～1939. 8	林銑十郎	
		第１次近衛文麿内閣	
		平沼騏一郎内閣	
吉田善吾	1939. 8～1940. 9	阿部信行内閣	
		米内光政内閣	
		第２次近衛文麿内閣	
及川古志郎	1940. 9～1941.10	第２次近衛文麿内閣	
		第３次近衛文麿内閣	
嶋田繁太郎	1941.10～1944. 7	東条英機内閣	
野村直邦	1944. 7	東条英機内閣	
米内光政	1944. 7～1945.11	小磯国昭内閣	
		鈴木貫太郎内閣	
		東久邇宮稔彦内閣	
		幣原喜重郎内閣	

海軍大臣一覧

氏名	期間	所属内閣	備考
【海軍卿】			
勝安芳（海舟）	1873.10～1875. 4		
川村純義	1878. 5～1880. 2		
榎本武揚	1880. 2～1881. 4		
川村純義	1881. 4～1885.12		
【海軍大臣】			
西郷従道	1885.12～1886. 7	第1次伊藤博文内閣	
大山巌	1886. 7～1887. 7	第1次伊藤博文内閣	陸相と兼任
西郷従道	1887. 7～1890. 5	第1次伊藤博文内閣	
		黒田清隆内閣	
		第1次山県有朋内閣	
樺山資紀	1890. 5～1892. 8	第1次山県有朋内閣	
		第1次松方正義内閣	
仁礼景範	1892. 8～1893. 3	第2次伊藤博文内閣	
西郷従道	1893. 3～1898.11	第2次伊藤博文内閣	
		第2次松方正義内閣	
		第3次伊藤博文内閣	
		第1次大隈重信内閣	
山本権兵衛	1898.11～1906. 1	第2次山県有朋内閣	
		第4次伊藤博文内閣	
		第1次桂太郎内閣	
斎藤実	1906. 1～1914. 4	第1次西園寺公望内閣	
		第2次桂太郎内閣	
		第2次西園寺公望内閣	
		第3次桂太郎内閣	
		第1次山本権兵衛内閣	
八代六郎	1914. 4～1915. 8	第2次大隈重信内閣	
加藤友三郎	1915. 8～1923. 5	第2次大隈重信内閣	
		寺内正毅内閣	
		原敬内閣	
		高橋是清内閣	
		加藤友三郎内閣	首相と兼任
（原敬）	（1921.10～11）	（原敬内閣）	海相事務管理
（内田康哉）	（1921.11）	（原敬内閣）	海相事務管理
（高橋是清）	（1921.11～1922. 3）	（高橋是清内閣）	海相事務管理

海軍軍令部長一覧

氏名	期間	備考
【海軍参謀部長】		
伊藤雋吉	1889. 3～ 5	
有地品之允	1889. 5～1891. 6	
井上良馨	1891. 6～1892.12	
中牟田倉之助	1892.12～1893. 5	
【海軍軍令部長】		
中牟田倉之助	1893. 5～1894. 7	
樺山資紀	1894. 7～1895. 5	
伊東祐亨	1895. 5～1905.12	
東郷平八郎	1905.12～1909.12	
伊集院五郎	1909.12～1914. 4	
島村速雄	1914. 4～1920.12	
山下源太郎	1920.12～1925. 4	
鈴木貫太郎	1925. 4～1929. 1	
加藤寛治	1929. 1～1930. 6	
谷口尚真	1930. 6～1932. 2	
伏見宮博恭	1932. 2～1933.10	
【軍令部総長】		
伏見宮博恭	1933.10～1941. 4	
永野修身	1941. 4～1944. 2	
嶋田繁太郎	1944. 2～1944. 7	海相と兼任
嶋田繁太郎	1944. 7～1944. 8	
及川古志郎	1944. 8～1945. 5	
豊田副武	1945. 5～1945.10	

参謀総長一覧

氏名	期間	備考
【参謀本部長】		
山県有朋	1878.12～1882. 2	
大山巌	1882. 9～1884. 2	陸軍卿と兼任
山県有朋	1884. 2～1885. 8	内務卿と兼任
有栖川宮熾仁	1885.12～1888. 5	
【陸軍参謀本部長】		
小沢武雄	1888. 5～1889. 3	
【参謀総長】		
有栖川宮熾仁	1889. 3～1895. 1	
小松宮彰仁	1895. 1～1898. 1	
川上操六	1898. 1～1899. 5	
大山巌	1899. 5～1904. 6	
山県有朋	1904. 6～1905.12	
大山巌	1905.12～1906. 4	
児玉源太郎	1906. 4～1906. 7	
奥保鞏	1906. 7～1912. 1	
長谷川好道	1912. 1～1915.12	
上原勇作	1915.12～1923. 3	
河合操	1923. 3～1926. 3	
鈴木荘六	1926. 3～1930. 2	
金谷範三	1930. 2～1931.12	
閑院宮載仁	1931.12～1940.10	
杉山元	1940.10～1944. 2	
東条英機	1944. 2～1944. 7	陸相と兼任
梅津美治郎	1944. 7～1945.10	

統帥権の独立 関連年表（1869～1946年）

内閣	本書関係事項	日本
	1869・8 三藩徴兵 71・4 鎮台制開始 73 徴兵令公布 74・2 佐賀の乱 77・2～9 西南戦争 78・8 竹橋事件 78・10 軍人訓戒 78・12 参謀本部独立 82・1 軍人勅諭	70・7～71・5 普仏戦争
第1次伊藤博文内閣	85・12 内閣制度制定、内閣職権公布 86・2 公文式公布	
黒田清隆内閣	89・2 大日本帝国憲法発布 89・12 内閣官制公布	
第1次山県有朋内閣		90・7 第1回衆議院議員総選挙 90・11 第1回帝国議会
第1次松方正義内閣		91・5 大津事件
第2次伊藤博文内閣	93・5 海軍軍令部独立、戦時大本営条例制定 94・7 日清戦争開戦	94・2 甲午農民戦争 94・7 日英通商航海条約調印 95・4 下関条約調印、三国干渉
第2次松方正義内閣		97・6 官営八幡製鉄所設立 97・10 貨幣法施行

第3次伊藤博文内閣		98・6 憲政党結成
第1次大隈重信内閣		98・10 憲政党分裂
第2次山県有朋内閣	1900・5 軍部大臣現役武官制制定	99・3 文官任用令改正 1900・3 治安警察法制定 00・9 立憲政友会結成
第1次桂太郎内閣	03・12 戦時大本営条例改正 04・2 日露戦争開戦	02・1 日英同盟 04・8 第1次日韓協約 05・8 日英同盟第1次改訂 05・9 ポーツマス条約、日比谷焼き討ち事件
第1次西園寺公望内閣	07・2 公式令公布 07・4 帝国国防方針策定	06・3 鉄道国有法公布 06・11 南満洲鉄道株式会社設立 07・7 第3次日韓協約調印
第2次桂太郎内閣		08・10 戊申詔書発布 10・8 日韓併合条約調印 11・7 日英同盟第2次改訂
第2次西園寺公望内閣	12・12 上原勇作の単独辞職	12・7 明治天皇没
第3次桂太郎内閣		13・1 第1次護憲運動
第1次山本権兵衛内閣	13・6 軍部大臣現役武官制廃止	13・8 文官任用令改正 14・1 シーメンス事件
第2次大隈重信内閣	15・1 二個師団増設予算成立	14・7 第1次世界大戦勃発 14・8 対独宣戦布告 15・1 対華21箇条要求

内閣		
寺内正毅内閣	17・7 八四艦隊予算成立 18・3 八六艦隊予算成立 18・8 シベリア出兵宣言	17・2 ロシア革命 18・8 米騒動
原敬内閣	20・7 八八艦隊予算成立	19・6 ヴェルサイユ条約調印 20・3〜 戦後恐慌
高橋是清内閣	21・11 ワシントン会議開催 22・2 ワシントン海軍軍縮条約調印	21・12 四国条約調印 22・2 九国条約調印
加藤友三郎内閣	22・8 山梨軍縮（第1次） 22・10 シベリア撤兵完了 23・4 山梨軍縮（第2次）	
第2次山本権兵衛内閣		23・9 関東大震災 23・12 虎ノ門事件
清浦奎吾内閣		24・1 第2次護憲運動
第1次加藤高明内閣	25・5 宇垣軍縮	25・4 治安維持法公布 25・5 衆議院議員選挙法改正（男子普通選挙）
第1次若槻礼次郎内閣		26・12 大正天皇没 27・3 金融恐慌 27・4 枢密院が台湾銀行救済の緊急勅令案を否決
田中義一内閣	28・6 張作霖爆殺事件	27・4 モラトリアム 27・5 第1次山東出兵 28・2 第1回男子普通選挙
浜口雄幸内閣	30・4 ロンドン海軍軍縮条約調印	29・10 世界恐慌 30・1 金輪出解禁 31・3 三月事件
第2次若槻礼次郎内閣	31・9 柳条湖事件（満洲事変勃発）	31・10 十月事件

内閣	事項 (1)	事項 (2)
犬養毅内閣	32・5 五・一五事件	31・12 金輸出再禁止 32・1 第1次上海事変 32・2 リットン調査団来日 32・2 血盟団事件
斎藤実内閣		33・3 国際連盟脱退 33・5 塘沽停戦協定
岡田啓介内閣	34・12 軍縮条約廃棄をアメリカに通告 35・6 梅津・何応欽協定、土肥原・秦徳純協定 35・8 相沢事件 36・2 二・二六事件	35・2 天皇機関説問題 35・8 国体明徴声明
広田弘毅内閣	36・5 軍部大臣現役武官制復活 37・1 「腹切り問答」	36・8 「国策の基準」決定 36・11 日独防共協定締結
林銑十郎内閣	37・3 「食い逃げ解散」	
第1次近衛文麿内閣	37・7 盧溝橋事件（日中戦争勃発） 37・8 第2次上海事変 37・10 トラウトマン工作開始 38・1 第1次近衛声明 38・7 第1次日独伊三国同盟交渉	37・12 南京占領 38・4 国家総動員法公布
平沼騏一郎内閣	39・7 アメリカより日米通商航海条約の廃棄通告	39・5 ノモンハン事件 39・8 独ソ不可侵条約締結
阿部信行内閣		39・9 第二次世界大戦勃発
米内光政内閣	40・6 近衛文麿が新体制運動推進の決意を表明	40・1 日米通商航海条約失効 40・6 フランスがドイツに降伏

内閣	国内	国外
第2次近衛文麿内閣	40・10 大政翼賛会発足	40・9 北部仏印進駐、日独伊三国同盟締結 41・4 日ソ中立条約調印 41・7 関東軍特種演習発動
第3次近衛文麿内閣	41・9 「帝国国策遂行要領」決定	41・7 南部仏印進駐
東条英機内閣	41・12 真珠湾奇襲攻撃、英領マレー半島上陸（アジア・太平洋戦争開戦） 44・2 東条英機・嶋田繁太郎の統帥部長兼任	42・6 ミッドウェー海戦 43・2 ガダルカナル島撤退 43・9 イタリアが無条件降伏 43・11 大東亜会議開催 43・12 カイロ宣言 44・7 サイパン島陥落
小磯国昭内閣		44・8 グアム島陥落 44・10 レイテ沖海戦 45・2 ヤルタ会談 45・3 東京大空襲、硫黄島陥落
鈴木貫太郎内閣	45・6 ソ連を仲介とした和平交渉の開始 45・8 ポツダム宣言受諾	45・4 米軍が沖縄本島上陸、ソ連が日ソ中立条約の不延長を通告 45・5 ドイツが無条件降伏、首里城陥落 45・7 ポツダム宣言 45・8 広島に原爆投下、ソ連対日参戦、長崎に原爆投下
第1次吉田茂内閣	46・11 日本国憲法公布	

手嶋泰伸

1983年宮城県生まれ。2006年東北大学文学部卒業。11年同大学院文学研究科博士課程後期修了。日本学術振興会特別研究員、東北学院大学非常勤講師、国立高専機構福井工業高等専門学校講師などを経て、現在、龍谷大学文学部准教授。専攻・日本近現代史。著書に『昭和戦時期の海軍と政治』（吉川弘文館、2013年）、『海軍将校たちの太平洋戦争』（吉川弘文館、2014年）、『日本海軍と政治』（講談社、2015年）など。共著に『昭和史講義【軍人篇】』（筑摩書房、2018年）他多数。

統帥権(とうすいけん)の独立(どくりつ)
——帝国日本(ていこくにっぽん)「暴走(ぼうそう)」の実態(じったい)

〈中公選書 146〉

著　者　手嶋泰伸(てしまやすのぶ)

2024年2月10日　初版発行
2024年5月5日　再版発行

発行者　安 部 順 一

発行所　中央公論新社
〒100-8152　東京都千代田区大手町 1-7-1
電話　03-5299-1730（販売）
03-5299-1740（編集）
URL https://www.chuko.co.jp/

DTP　市川真樹子

印刷・製本　大日本印刷

Published by CHUOKORON-SHINSHA, INC.
Printed in Japan　ISBN978-4-12-110147-1 C1321
定価はカバーに表示してあります。

中公選書　好評既刊

127
聯合艦隊
――「海軍の象徴」の実像

木村　聡著

日清戦争時の臨時組織に過ぎなかった聯合艦隊は日露戦争の栄光を引っ提げ、常置されるものとなったが――。これまで海軍史の一部分でしかなかった聯合艦隊を中心に据えた初の通史。

130
矢部貞治
――知識人と政治

井上寿一著

戦争の時代、東大で政治学講座を担い、近衛文麿のブレーンとして現実政治で実践を試みた矢部。敗戦後は、よりよき民主主義を模索、言論を通じ変革を求め続けた。ある政治学者の生涯。

135
山本五十六
――アメリカの敵となった男

相澤　淳著

日米開戦の積極論者か、悲劇の英米協調派か。航空戦力への先見の明、山本の転機となったロンドン軍縮会議、そして対米認識の変遷に着目し、最も著名な連合艦隊司令長官の実像を描く。

140
政治家　石橋湛山
――見識ある「アマチュア」の信念

鈴村裕輔著

戦前日本を代表する自由主義者・言論人は、戦後まもなく現実政治に飛び込む。派閥を率い、大臣を歴任し、首相となるも……。石橋は自らの政治理念を実現できたのか。その真価を問う。